2 次 関 数

1 $y=a(x-p)^2+q$ $(a \neq 0)$ のグラフ

・$y=ax^2$ のグラフを
  x 軸方向に p, y 軸方向に q だけ
  平行移動した放物線
・軸は直線 $x=p$, 頂点の座標は (p, q)

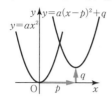

2 $y=ax^2+bx+c$ $(a \neq 0)$ のグラフ

$y=a\left(x+\dfrac{b}{2a}\right)^2-\dfrac{b^2-4ac}{4a}$ より

軸 $x=-\dfrac{b}{2a}$, 頂点 $\left(-\dfrac{b}{2a}, -\dfrac{b^2-4ac}{4a}\right)$

3 グラフの平行移動

関数 $y=f(x)$ のグラフを
  x 軸方向に p, y 軸方向に q だけ
平行移動すると
  $$y-q=f(x-p)$$

4 グラフの対称移動

関数 $y=f(x)$ のグラフを
・x 軸に関して対称移動すると
  $$y=-f(x)$$
・y 軸に関して対称移動すると
  $$y=f(-x)$$
・原点に関して対称移動すると
  $$y=-f(-x)$$

5 2次関数の最大・最小

$y=a(x-p)^2+q$ と変形すると
・$a>0 \Rightarrow x=p$ で最小値 q, 最大値なし
・$a<0 \Rightarrow x=p$ で最大値 q, 最小値なし

6 2次関数の決定

・グラフの頂点が点 (p, q), 軸が直線 $x=p$ である
  とき
  $$y=a(x-p)^2+q$$
・グラフが通る 3 点が与えられたとき
  $y=ax^2+bx+c$ とおき, 連立方程式を解く。
・グラフと x 軸との共有点が $(\alpha, 0)$, $(\beta, 0)$ である
  とき
  $$y=a(x-\alpha)(x-\beta)$$

7 2次方程式の解

(1) $(x-\alpha)(x-\beta)=0 \iff x=\alpha, \beta$

(2) 解の公式
・2次方程式 $ax^2+bx+c=0$ の解は
  $b^2-4ac \geqq 0$ のとき
  $$x=\dfrac{-b \pm \sqrt{b^2-4ac}}{2a}$$
・2次方程式 $ax^2+2b'x+c=0$ の解は
  $b'^2-ac \geqq 0$ のとき
  $$x=\dfrac{-b' \pm \sqrt{b'^2-ac}}{a}$$

8 2次方程式の解の判別

2次方程式 $ax^2+bx+c=0$ において, 判別式を
$D=b^2-4ac$ とすると
・$D>0 \iff$ 異なる 2 つの実数解をもつ
・$D=0 \iff$ 重解をもつ
・$D<0 \iff$ 実数解をもたない
$(D \geqq 0 \iff$ 実数解をもつ$)$

9 2次関数のグラフと2次方程式・2次不等式の解

2次関数 $y=ax^2+bx+c$ のグラフと x 軸の位置関係は, $D=b^2-4ac$ の符号によって次のように定まる。

$a>0$ の場合	$D>0$	$D=0$	$D<0$
グラフと x 軸の位置関係	異なる 2 点で交わる	接点 1 点で接する	共有点なし
$ax^2+bx+c=0$	$x=\alpha, \beta$	$x=\alpha$（重解）	実数解なし
$ax^2+bx+c>0$	$x<\alpha, \beta<x$	α 以外のすべての実数	すべての実数
$ax^2+bx+c \geqq 0$	$x \leqq \alpha, \beta \leqq x$	すべての実数	すべての実数
$ax^2+bx+c<0$	$\alpha<x<\beta$	解なし	解なし
$ax^2+bx+c \leqq 0$	$\alpha \leqq x \leqq \beta$	$x=\alpha$ のみ	解なし

1 鋭角の三角比（正弦・余弦・正接）

$$\sin A = \frac{a}{c}$$

$$\cos A = \frac{b}{c}$$

$$\tan A = \frac{a}{b}$$

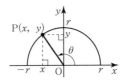

2 三角比の相互関係

$$\tan A = \frac{\sin A}{\cos A}$$

$$\sin^2 A + \cos^2 A = 1$$

$$1 + \tan^2 A = \frac{1}{\cos^2 A}$$

3 三角比の定義

半径 r の円周上に点 $P(x,\ y)$ をとり，OP と x 軸の正の向きとのなす角を θ $(0°\leqq\theta\leqq180°)$ とするとき

$$\sin\theta = \frac{y}{r}, \quad \cos\theta = \frac{x}{r}, \quad \tan\theta = \frac{y}{x}$$

4 $90°-A$，$180°-A$ の三角比

・$\sin(90°-A)=\cos A$

　$\cos(90°-A)=\sin A$

　$\tan(90°-A)=\dfrac{1}{\tan A}$

・$\sin(180°-A)=\sin A$

　$\cos(180°-A)=-\cos A$

　$\tan(180°-A)=-\tan A$

5 特殊な角の三角比の値と符号

θ	$0°$	$\cdots$	$90°$	$\cdots$	$180°$
$\sin\theta$	0	+	1	+	0
$\cos\theta$	1	+	0	−	−1
$\tan\theta$	0	+		−	0

6 三角比の値の範囲

$0°\leqq\theta\leqq180°$ のとき，

　$0\leqq\sin\theta\leqq1$，　$-1\leqq\cos\theta\leqq1$

　$\tan\theta$ はすべての実数（ただし，$\theta \neq 90°$）

7 直線の傾きと正接

直線 $y=mx$ と x 軸の正の向きとのなす角を θ とすると

$m=\tan\theta$ $(0°\leqq\theta\leqq180°$，

ただし $\theta \neq 90°$）

8 正弦定理

△ABC の外接円の半径を R とすると

$$\frac{a}{\sin A} = \frac{b}{\sin B} = \frac{c}{\sin C} = 2R$$

9 余弦定理

$$a^2 = b^2 + c^2 - 2bc\cos A$$

$$b^2 = c^2 + a^2 - 2ca\cos B$$

$$c^2 = a^2 + b^2 - 2ab\cos C$$

10 三角形の面積

△ABC の面積を S とすると

$$S = \frac{1}{2}bc\sin A = \frac{1}{2}ca\sin B = \frac{1}{2}ab\sin C$$

11 三角形の面積と内接円の半径

△ABC の面積を S，内接円の半径を r とすると

$$S = \frac{1}{2}r(a+b+c)$$

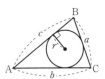

データの分析

1 代表値

変量 x が x_1, x_2, x_3, …, x_n の n 個の値をとるとき

(1) 平均値：$\bar{x} = \dfrac{1}{n}(x_1 + x_2 + x_3 + \cdots + x_n)$

(2) 中央値（メジアン）：データを小さい順に並べたとき，中央にくる値

(3) 最頻値（モード）：度数が最大であるデータの値

(4) 範囲（レンジ）：最大値と最小値の差

2 四分位数

(1) 四分位数：データ全体を小さい順に並べたときに，4等分する位置にあるデータを小さい方から第1四分位数 (Q_1)，第2四分位数（中央値 Q_2），第3四分位数 (Q_3) という。

・四分位範囲：$R = Q_3 - Q_1$

(2) 箱ひげ図

最小値，第1四分位数，中央値，第3四分位数，最大値を図示したもの。

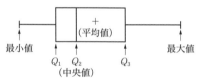

(3) 外れ値

多くの値から極端にかけ離れた値。

外れ値を見つける目安として，

$Q_1 - 1.5R$ よりも小さい値　または，

$Q_3 + 1.5R$ よりも大きい値

を用いることが多い。

3 分散と標準偏差

(1) 分散（偏差の2乗の平均）

$$s^2 = \frac{1}{n}\{(x_1-\bar{x})^2 + (x_2-\bar{x})^2 + \cdots + (x_n-\bar{x})^2\}$$

$$= \frac{1}{n}(x_1{}^2 + x_2{}^2 + \cdots + x_n{}^2) - (\bar{x})^2$$

$$= \overline{x^2} - (\bar{x})^2 \quad \leftarrow (2乗の平均)-(平均の2乗)$$

(2) 標準偏差

$$s = \sqrt{\frac{1}{n}\{(x_1-\bar{x})^2 + (x_2-\bar{x})^2 + \cdots + (x_n-\bar{x})^2\}}$$

$$= \sqrt{\frac{1}{n}(x_1{}^2 + x_2{}^2 + \cdots + x_n{}^2) - (\bar{x})^2}$$

$$= \sqrt{\overline{x^2} - (\bar{x})^2} \quad \leftarrow \sqrt{(分散)}$$

4 相関（相関関係）

(1) 散布図（相関図）

2種のデータの関係を座標平面上の点で表したもの。

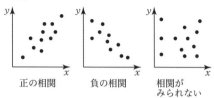

正の相関　　負の相関　　相関がみられない

(2) 共分散

$$s_{xy} = \frac{1}{n}\{(x_1-\bar{x})(y_1-\bar{y}) + (x_2-\bar{x})(y_2-\bar{y})$$
$$+ \cdots + (x_n-\bar{x})(y_n-\bar{y})\}$$

(3) 相関係数

$$r = \frac{s_{xy}}{s_x s_y}$$

・$|r|$ が1に近い値であるほど，強い相関がみられる。

・$-1 \leqq r \leqq 1$

5 仮説検定

ある仮説のもとで，実際に起こった事柄が起こり得るかを考えることで，仮説が誤りであるかどうかを検証する手法。

事前に起こり得るかどうかを判断する基準を定め，

・基準よりも起こりにくいことが起きた場合，
　　　　仮説は誤りと判断する。

・基準よりも起こりやすいことが起きた場合，
　　　　仮説が誤りであるとはいえない。

起こりにくいと判断する値の範囲として，次のようなものがよく用いられる。

・起こる確率が5%（1%）以下である。

・得られた値が平均値から標準偏差の2倍以上離れた値である。

数学A

1 場合の数と確率

2 図形の性質

3 数学と人間の活動

本書の構成と利用法

　本書は，教科書の内容を着実に理解し，問題演習を通して応用力を養成できる
よう編集しました。

　とくに，自学自習でも十分学習できるように，**例題を豊富に取り上げました。**

例　　題	基本事項の確認から応用力の養成まで，幅広く例題として取り上げました。
類	例題に対応した問題を明示しました。 例題で学んだことを確実に身につけるために，あるいは，問題のヒントとして活用してください。
エクセル	特に覚えておいた方がよい解法の要点をまとめました。
A　問　題	教科書の内容を着実に理解するための問題です。
B　問　題	応用力を養成するための問題です。代表的な問題は，例題で取り上げてありますが，それ以外の問題には，適宜 ヒント を示しました。
↩ 例題 1	対応する例題を明示しました。 問題のヒントとして活用してください。
Step Up 例題	教科書に取り上げられていない発展的な問題や難易度の高い問題を，例題として取り上げました。
Step Up 問題	Step Up 例題の類題で，より高度な応用力を養成する問題です。
＊　　印	時間的に余裕がない場合，＊印の問題を解いていけば，ひととおり学習できるよう配慮しました。
復　習　問　題	各章で学んだ内容を復習する問題です。反復練習を積みたいときや，試験直前の総チェックに活用してください。

問 題 数	例題　　129 題　　　A問題　189 題　　　B問題　165 題	
	Step Up 例題　50 題　　　Step Up 問題　103 題	
	復習問題　52 題	

数学 I

1 整式の整理と加法・減法

例題 1　整式の整理　　　　　　　　　　　　　　　類2

次の整式の次数を答えよ。また，[　] 内の文字について降べきの順に整理したときの次数と各項の係数と定数項を答えよ。

(1) $x^2+xy^2+2xy+y^2-x+4y+5$ $\quad[x]$

(2) $a(b^2-c^2)+b(c^2-a^2)+c(a^2-b^2)$ $\quad[a]$

解 (1) 整式の次数は **3 次**

$\quad\quad x$ について整理すると

$\quad\quad\quad\quad x^2+xy^2+2xy+y^2-x+4y+5$

$\quad\quad\quad\quad =x^2+(y^2+2y-1)x+y^2+4y+5$

$\quad\quad$ これより，x についての次数は **2 次**

$\quad\quad x^2$ の係数は **1**，x の係数は $\boldsymbol{y^2+2y-1}$，定数項は $\boldsymbol{y^2+4y+5}$

◉ 各項の中で最も次数の高い項（ここではxy^2）の次数が整式の次数になる

◉ 係数は (　) の中にまとめてかいておく

$\quad$ (2) 整式の次数は **3 次**

$\quad\quad a$ について整理すると

$\quad\quad\quad\quad a(b^2-c^2)+b(c^2-a^2)+c(a^2-b^2)$

$\quad\quad\quad\quad =a(b^2-c^2)+bc^2\underline{-ba^2+ca^2}-cb^2$

$\quad\quad\quad\quad =(-b+c)a^2+(b^2-c^2)a-b^2c+bc^2$

$\quad\quad$ これより，a についての次数は **2 次**

$\quad\quad a^2$ の係数は $\boldsymbol{-b+c}$，a の係数は $\boldsymbol{b^2-c^2}$，定数項は $\boldsymbol{-b^2c+bc^2}$

エクセル 文字○について整理する ➡ 文字○以外は数と考える

例題 2　整式の加法・減法　　　　　　　　　　　　類4,6

$A=x^2+3x-4$，$B=3x^2-2x+1$，$C=2x^2-x$ のとき，次の式を計算せよ。

(1) $A+B-C$ $\quad\quad\quad\quad$ (2) $3(C-2B)+2(3B-A)$

解 (1) $A+B-C=(x^2+3x-4)+(3x^2-2x+1)-(2x^2-x)$

$\quad\quad\quad\quad\quad\quad\quad =(1+3-2)x^2+(3-2+1)x+(-4+1)$

$\quad\quad\quad\quad\quad\quad\quad =\boldsymbol{2x^2+2x-3}$

◉ 同類項の係数に着目してまとめる

$\quad$ (2) $3(C-2B)+2(3B-A)=-2A+(-6+6)B+3C$

$\quad\quad\quad\quad\quad\quad\quad\quad\quad\quad\quad =-2A+3C$

$\quad\quad\quad\quad\quad\quad\quad\quad\quad\quad\quad =-2(x^2+3x-4)+3(2x^2-x)$

$\quad\quad\quad\quad\quad\quad\quad\quad\quad\quad\quad =(-2+6)x^2+(-6-3)x+8$

$\quad\quad\quad\quad\quad\quad\quad\quad\quad\quad\quad =\boldsymbol{4x^2-9x+8}$

◉ 代入する前に式を整理して簡単にする

エクセル 複雑な式に代入するとき ➡ 簡単にしてから代入

A

1 次の単項式の次数と係数を答えよ。また，[ ] 内の文字に着目したときの次数と係数を答えよ。

(1) $2x^2yz$ $[x]$

*(2) $-6a^2bcy^3$ $[y]$，$[a,\ b]$

2 次の整式の次数を答えよ。また，[ ] 内の文字について降べきの順に整理したときの次数と各項の係数と定数項を答えよ。 ← 例題1

*(1) $x^2-3xy+y^2-x+y-1$ $[x]$

(2) $3x^3+x^2y^2+4y^2-3xy+5x^2$ $[x]$

*(3) $-3a^2b+4b^2+ab+5a^2b^3-4ab^2$ $[a]$

3 次の計算をせよ。

(1) $(x^3-3x^2+2x-4)+(-2x^3+4x^2-x+5)$

(2) $(m^2-3mn+2n^2)-(-4m^2-3n^2+2mn)$

(3) $3(x^2-2xy+4y^2)-2(2x^2-3xy+5y^2)$

4 $A=x^2+7x-5$，$B=-2x^2+5$，$C=5x-2$ のとき，次の式を計算せよ。

(1) $A+B$ (2) $A-2C$ (3) $A-(2B-C)$ ← 例題2

B

5 次の計算をせよ。

*(1) $\left(\dfrac{x^2-2x}{3}-2\right)+\left(-x^2+\dfrac{x-1}{2}\right)$ (2) $\left(\dfrac{x^2-2x}{3}-2\right)-\left(-x^2+\dfrac{x-1}{2}\right)$

*(3) $4(a+b+c)-\{3a-(c-2b)\}$ (4) $6x-[4z-\{-3x-(2x-y-5z)\}]$

6 $A=2x^2-xy+y^2$，$B=-x^2+3xy$，$C=x^2-2y^2$ のとき，次の式を計算せよ。

(1) $A+B-C$ (2) $4A-(C-B)$ ← 例題2

(3) $3(A+B)-(2B-C)$ *(4) $2\{A-(B-C)\}-2(A-C)$

7 $2A+B=2x^2+2x+1$，$A-2B=x^2-4x+8$ を満たす整式 A，B を求めよ。

*8 ある整式から $x^2-xy+2y^2$ を引くところ，誤ってこの式を加えたため，答えが $3x^2-5xy+3y^2$ となった。正しい答えを求めよ。

例題 3 指数法則 類9

次の式を計算せよ。

(1) $(-2ab^2)^2 \times a^3b$　　　　　(2) $(-xy^2z)^3 \times (3xz^2)^2$

解　(1) $(-2ab^2)^2 \times a^3b = 4a^2b^4 \times a^3b$

$\qquad\qquad\qquad\qquad = 4a^5b^5$

(2) $(-xy^2z)^3 \times (3xz^2)^2 = -x^3y^6z^3 \times 9x^2z^4$

$\qquad\qquad\qquad\qquad\qquad = -9x^5y^6z^7$

> **指数法則**
>
> $a^m \times a^n = a^{m+n}$
> $(a^m)^n = a^{mn}$
> $a^m \div a^n = a^{m-n}$
> $(ab)^n = a^n b^n$

例題 4 分配法則 類10

$(x^2-3x+2)(x^2+2x+4)$ を展開せよ。

解

$\boxed{(x^2-3x+2)}(x^2+2x+4)$ ◯ (整式)×(整式) の展開は分配法則を使う

$= (x^2-3x+2)x^2 + (x^2-3x+2) \times 2x + (x^2-3x+2) \times 4$

$= x^4 + (-3+2)x^3 + (2-6+4)x^2 + (4-12)x + 8$ ◯ 同類項の係数はまとめて計算する

$= x^4 - x^3 - 8x + 8$

例題 5 乗法公式 類11,12

次の式を展開せよ。

(1) $(5x-y)^2$　　　(2) $(5a+2b)(5a-2b)$　　　(3) $(3a-2)(7a+4)$

解　(1) $(5x-y)^2 = (5x)^2 - 2 \cdot 5x \cdot y + y^2$

$\qquad\qquad\quad = 25x^2 - 10xy + y^2$

(2) $(5a+2b)(5a-2b) = (5a)^2 - (2b)^2$

$\qquad\qquad\qquad\qquad = 25a^2 - 4b^2$

(3) $(3a-2)(7a+4) = 3 \cdot 7a^2 + (3 \cdot 4 - 2 \cdot 7)a - 2 \cdot 4$

$\qquad\qquad\qquad\quad = 21a^2 - 2a - 8$

> **乗法公式**
>
> $(a+b)^2 = a^2 + 2ab + b^2$
> $(a-b)^2 = a^2 - 2ab + b^2$
> $(a+b)(a-b) = a^2 - b^2$
> $(ax+b)(cx+d)$
> $\quad = acx^2 + (ad+bc)x + bd$

例題 6 発展 3乗の展開の公式 類13,14

次の式を展開せよ。

(1) $(x+2y)^3$　　　　　(2) $(x-3y)(x^2+3xy+9y^2)$

解　(1) $(x+2y)^3 = x^3 + 3 \cdot x^2 \cdot 2y + 3 \cdot x \cdot (2y)^2 + (2y)^3$

$\qquad\qquad\quad = x^3 + 6x^2y + 12xy^2 + 8y^3$

(2) $(x-3y)(x^2+3xy+9y^2) = x^3 - (3y)^3$

$\qquad\qquad\qquad\qquad\qquad = x^3 - 27y^3$

> **乗法公式**
>
> $(a+b)^3 = a^3 + 3a^2b + 3ab^2 + b^3$
> $(a-b)^3 = a^3 - 3a^2b + 3ab^2 - b^3$
> $(a+b)(a^2-ab+b^2) = a^3 + b^3$
> $(a-b)(a^2+ab+b^2) = a^3 - b^3$

A

9 次の式を計算せよ。　　　　　　　　　　　　　　　↩ 例題3

(1) $a^3 \times a^4$　　　　　*(2) $-ab \times (-a^3 b)$　　　(3) $4ab^2 \times \left(-\dfrac{1}{2}ab\right)^2$

*(4) $ax^2 \times (-y)^2 \times (-bxy)$　　　*(5) $\{(a^2)^3\}^4$

10 次の式を展開せよ。　　　　　　　　　　　　　↩ 例題4

(1) $3x^2(x^2 - 2x + 3)$　　　　　(2) $(4x^2 + x - 3)(x^2 + 2)$

*(3) $(x+1)(x^2 - x + 1)$　　　　*(4) $(x^2 + 2x - 1)(x^2 + x + 3)$

(5) $(2a - b)(a^2 + ab - b^2)$　　　*(6) $(2x^3 - 3xy - 5y^2)(x^2 - xy + 4y^2)$

11 次の式を展開せよ。　　　　　　　　　　　　　↩ 例題5

(1) $(2x + 1)^2$　　　　*(2) $(3a - 2b)^2$　　　(3) $(-2a - 5b)^2$

*(4) $\left(3x + \dfrac{1}{2}\right)^2$　　　(5) $(x + 6)(x - 6)$　　　*(6) $(2a + 3b)(2a - 3b)$

(7) $(-3x + 5y)(3x + 5y)$　*(8) $(-x - yz)(-x + yz)$　(9) $(a^2 + b)(a^2 - b)$

12 次の式を展開せよ。　　　　　　　　　　　　　↩ 例題5

(1) $(x - 3)(x + 4)$　　　　(2) $(ab + 3)(ab - 7)$　　　*(3) $(4a + 1)(2a + 1)$

(4) $(2x - 1)(3x + 4)$　　*(5) $(3x + 2y)(4x - 5y)$　　(6) $(2a - 5b)(3a + 2b)$

(7) $(5a - b)(a + 3b)$　　(8) $(3 - 2x)(-2x + 7)$　　*(9) $(3ab - 2)(3 - 5ab)$

B

13 次の式を展開せよ。　　　　　　　　　　　　　↩ 例題6

*(1) $(x - 2)^3$　　　　(2) $(3x + 4)^3$　　　　*(3) $(2x - 3y)^3$

14 次の式を展開せよ。　　　　　　　　　　　　　↩ 例題6

(1) $(a + 2)(a^2 - 2a + 4)$　　　　*(2) $(5x - 1)(25x^2 + 5x + 1)$

*(3) $(3a + 4b)(9a^2 - 12ab + 16b^2)$　　(4) $(5a - 2b)(25a^2 + 10ab + 4b^2)$

15 次の式を展開せよ。

*(1) $(a - b)(a^4 + a^3 b + a^2 b^2 + ab^3 + b^4)$

(2) $(a + b)(a^4 - a^3 b + a^2 b^2 - ab^3 + b^4)$

*(3) $(a + b + c)(a^2 + b^2 + c^2 - ab - bc - ca)$

ヒント **15** 分配法則を使い丁寧に展開する。

(1), (2)は、$(a \pm b)(a^2 \mp ab + b^2) = a^3 \pm b^3$ の公式と同じ仕組みになっている。

3 整式の乗法(2)

例題 7　置き換えによる展開　　　　　　　　　　　　類**16**

次の式を展開せよ。

(1) $(x^2+x+2)(x^2+x-3)$　　　　　(2) $(a+b-c)(a-b+c)$

解　(1)　$(x^2+x+2)(x^2+x-3)=\{(x^2+x)+2\}\{(x^2+x)-3\}$　　$\circleddash$ $x^2+x=A$ とおくと
$\qquad\qquad\qquad\qquad\qquad =(x^2+x)^2-(x^2+x)-6$　　　　　　　$(A+2)(A-3)$
$\qquad\qquad\qquad\qquad\qquad =x^4+2x^3+x^2-x^2-x-6$　　　　　$=A^2-A-6$
$\qquad\qquad\qquad\qquad\qquad =\boldsymbol{x^4+2x^3-x-6}$

(2)　$(a+b-c)(a-b+c)=\{a+(b-c)\}\{a-(b-c)\}$　　$\circleddash$ $-b+c=-(b-c)$

　　　符号の正負を逆　　$\qquad =a^2-(b-c)^2$　　　　　　　　$\circleddash$ $b-c=A$ とおくと
　　　にすれば同じ項　　$\qquad =a^2-(b^2-2bc+c^2)$　　　　　　$(a+A)(a-A)=a^2-A^2$
$\qquad\qquad\qquad\qquad\quad =\boldsymbol{a^2-b^2-c^2+2bc}$

エクセル　共通な項がある展開 ➡ 2つの項を1つの項とみて(置き換えて)展開する

例題 8　乗法の順序の工夫　　　　　　　　　　　　類**18**

次の式を展開せよ。

(1) $(a-b)(a+b)(a^2+b^2)$　　　　　(2) $(x+y)^2(x-y)^2$

解　(1)　$(a-b)(a+b)(a^2+b^2)=\{(a-b)(a+b)\}(a^2+b^2)$
$\qquad\qquad\qquad\qquad\qquad\quad =(a^2-b^2)(a^2+b^2)$
$\qquad\qquad\qquad\qquad\qquad\quad =\boldsymbol{a^4-b^4}$

(2)　$(x+y)^2(x-y)^2=\{(x+y)(x-y)\}^2$
$\qquad\qquad\qquad\qquad\quad =(x^2-y^2)^2$
$\qquad\qquad\qquad\qquad\quad =\boldsymbol{x^4-2x^2y^2+y^4}$

エクセル　因数の多い式の展開 ➡ 順序を工夫して，公式が使える形に

例題 9　乗法の組合せの工夫　　　　　　　　　　　類**19**

$(x-1)(x-3)(x+2)(x+4)$ を展開せよ。

解　　$(x-1)(x-3)(x+2)(x+4)$
$=\{(x-1)(x+2)\}\{(x-3)(x+4)\}$　　　　$\circleddash$ 同じ項(形)ができるように組合せを考える
$=(x^2+x-2)(x^2+x-12)$　　　　　　　　$\circleddash$ $x^2+x=A$ とおくと
$=\{(x^2+x)-2\}\{(x^2+x)-12\}$　　　　　　　　$(A-2)(A-12)=A^2-14A+24$
$=(x^2+x)^2-14(x^2+x)+24=\boldsymbol{x^4+2x^3-13x^2-14x+24}$

エクセル　因数の多い式の展開 ➡ 同じ項ができるように，展開の組合せを工夫する

A

16 次の式を展開せよ。 ↩ 例題7

*(1) $(a+b+1)(a+b-1)$ (2) $(x^2+x+2)(x^2-x+2)$

*(3) $(a+2b+1)(a-3b+1)$ *(4) $(2x-y-z)(2x+y+z)$

(5) $(a^2+3a-2)(a^2-3a+2)$ (6) $(-x-y+z)(-2x+y-z)$

17 次の式を展開せよ。

*(1) $(x+y+2)^2$ (2) $(x+2y-1)^2$

*(3) $(2a-b-3c)^2$ (4) $(x^2+x+1)^2$

18 次の式を展開せよ。 ↩ 例題8

*(1) $(x-3)^2(x+3)^2$ (2) $(a+2b)^2(a-2b)^2$

(3) $(2x-y)(2x+y)(4x^2+y^2)$ *(4) $(a-b)^2(a+b)^2(a^2+b^2)^2$

B

19 次の式を展開せよ。 ↩ 例題9

*(1) $x(x+1)(x-2)(x-3)$ (2) $(x+1)(x-2)(x+3)(x-4)$

*(3) $(x+1)(x-2)(x+4)(x-8)$ (4) $(x^2+x+1)(2x^2+2x-3)$

20 次の式を展開せよ。

*(1) $(x+2)(x-3)(x^2-2x+4)(x^2+3x+9)$

*(2) $(2a+b)(a-3b)(2a-b)(a+3b)$

(3) $(x^6+x^3+1)(x^2+x+1)(x-1)$ (4) $(x+1)^3(x-1)^3$

21 次の式を展開せよ。

(1) $\left(x-\dfrac{a+b}{2}\right)\left(x-\dfrac{a-b}{2}\right)$ *(2) $\dfrac{1}{2}\{(a-b)^2+(b-c)^2+(c-a)^2\}$

(3) $\left(x+\dfrac{1}{x}\right)\left(x^2+\dfrac{1}{x^2}\right)-\left(x+\dfrac{1}{x}\right)$ *(4) $(x+y)^3-3xy(x+y)$

22 次の式を展開せよ。

*(1) $(a-b-c+d)(a+b-c-d)$

(2) $(a^2+a+1)(a^2-a+1)(a^4-a^2+1)(a^8-a^4+1)$

*(3) $(a+b+c)^2-(b+c-a)^2+(c+a-b)^2-(a+b-c)^2$

ヒント **18** (1) $(x-3)^2(x+3)^2=\{(x-3)(x+3)\}^2$

     19 (1) $\{x(x-2)\}\{(x+1)(x-3)\}$ (3) $\{(x+1)(x-8)\}\{(x-2)(x+4)\}$

     22 (1) $a-c=A$, $b-d=B$ とおく。

       (2) a^2+1, a^4+1, a^8+1 を置き換えて，順序よく計算する。

4 因数分解（1）

類23

例題10 共通因数をくくり出す

次の式を因数分解せよ。

(1) $2ax-4ay+6az$　　　　(2) $a(2a-b)-b(b-2a)$

解 (1) $2ax-4ay+6az=2a(x-2y+3z)$

(2) $a(2a-b)-b(b-2a)=a(2a-b)+b(2a-b)$

$\qquad\qquad\qquad\qquad\quad =(2a-b)(a+b)$

エクセル 因数分解では ➡ 共通因数があれば，まずくくる

例題11 因数分解の公式 類24,25,26

次の式を因数分解せよ。

(1) $4x^2+12x+9$　　　　(2) $25a^2-16b^2$

(3) $x^2-2x-15$　　　　(4) $6a^2-7ab-20b^2$

解 (1) $4x^2+12x+9=(2x)^2+2\cdot2x\cdot3+3^2$

$\qquad\qquad\qquad =(2x+3)^2$

(2) $25a^2-16b^2=(5a)^2-(4b)^2$

$\qquad\qquad\quad =(5a+4b)(5a-4b)$

(3) $x^2-2x-15=x^2+(3-5)x+3\cdot(-5)$

$\qquad\qquad\quad =(x+3)(x-5)$

(4) $6a^2-7ab-20b^2$

$\quad =2\cdot3a^2+\{2\cdot4+(-5)\cdot3\}ab+(-5)\cdot4b^2$

$\quad =(2a-5b)(3a+4b)$

> **因数分解の公式**
>
> $a^2+2ab+b^2=(a+b)^2$
> $a^2-2ab+b^2=(a-b)^2$
> $a^2-b^2=(a+b)(a-b)$
> $x^2+(a+b)x+ab$
> $\qquad =(x+a)(x+b)$
> $acx^2+(ad+bc)x+bd$
> $\qquad =(ax+b)(cx+d)$

$$\begin{array}{ccc} 2 & \diagdown\!\!\!-5 & \rightarrow & -15 \\ 3 & \diagup\;\;4 & \rightarrow & 8 \\ \hline 6 & -20 & & -7 \end{array}$$

例題12 置き換えによる因数分解 類27,28

次の式を因数分解せよ。

(1) $(a+b+2)(a+b)-8$　　　　(2) x^4+4x^2-5

解 (1) $(a+b+2)(a+b)-8=\{(a+b)+2\}(a+b)-8$

$\qquad\qquad\qquad\qquad\quad =(a+b)^2+2(a+b)-8$

$\qquad\qquad\qquad\qquad\quad =\{(a+b)+4\}\{(a+b)-2\}$

$\qquad\qquad\qquad\qquad\quad =(a+b+4)(a+b-2)$

$a+b=A$ とおくと
$(A+2)A-8=A^2+2A-8$
$\qquad\qquad\quad =(A+4)(A-2)$

(2) $x^4+4x^2-5=(x^2)^2+4(x^2)-5$

$\qquad\qquad\quad =(x^2+5)(x^2-1)$

$\qquad\qquad\quad =(x^2+5)(x+1)(x-1)$

$x^4=(x^2)^2$

A

23 次の式を因数分解せよ。 ↩ 例題10

(1) $3xy^3 - 18x^2y^2$

*(2) $3x^2y + 6xy + 9xy^2$

*(3) $x(a-b) - 3(b-a)$

(4) $a(a-3b) + b(3b-a)$

*(5) $(x+y)^2 + (x+y)(x-y)$

(6) $x(x-1) + 2x^2 - 2x$

24 次の式を因数分解せよ。 ↩ 例題11

*(1) $a^2 + 12a + 36$

(2) $49a^2 - 14a + 1$

(3) $4x^2 + 12xy + 9y^2$

*(4) $25x^2 - 20xy + 4y^2$

*(5) $x^2 - xy + \dfrac{1}{4}y^2$

(6) $9a^2 - \dfrac{3}{2}ab + \dfrac{1}{16}b^2$

*25 次の式を因数分解せよ。 ↩ 例題11

(1) $4x^2 - 81y^2$

(2) $-16a^2 + 25b^2$

(3) $27x^2 - 12y^2$

26 次の式を因数分解せよ。 ↩ 例題11

*(1) $x^2 + 4x - 12$

(2) $x^2 + 5x - 14$

*(3) $3x^2 - x - 10$

(4) $2a^2 + 5a + 2$

(5) $10a^2 - 23a + 12$

*(6) $9a^2 + 3a - 20$

(7) $2x^2 - 5xy - 3y^2$

*(8) $12x^2 + 4xy - y^2$

(9) $6x^2 + xy - 15y^2$

*(10) $3a^2 - 16ab - 35b^2$

*(11) $6x^2 - 13xy + 6y^2$

(12) $3a^2 - 2ab - 8b^2$

B

27 次の式を因数分解せよ。 ↩ 例題12

(1) $(a-b)^2 - 6(a-b) + 9$

*(2) $2(x+1)^2 - 7(x+1) + 6$

(3) $(x+y-3)(x+y+5) - 9$

(4) $(x+y)(x+y-2z) - 3z^2$

(5) $(x^2+x-4)(x^2+x-8) + 4$

*(6) $(x^2+3x-3)(x^2+3x+1) - 5$

(7) $(x-2y)^2 - (2x-y)^2$

*(8) $(a-b)^2m^2 - (b-a)^2n^2$

*(9) $x^2 - y^2 - 4y - 4$

(10) $9a^2 - 6ab + b^2 - 4c^2$

28 次の式を因数分解せよ。 ↩ 例題12

*(1) $x^4 - 81y^4$

*(2) $x^4 + 2x^2 - 3$

(3) $x^4 - 18x^2 + 81$

(4) $x^4 - x^2y^2 - 12y^4$

(5) $81a^4 - 72a^2b^2 + 16b^4$

*(6) $4x^4 - 37x^2y^2 + 9y^4$

*(7) $9x^4 - 7x^2y^2 - 16y^4$

(8) $a^5 - 16a$

ヒント **27** (8) $(b-a)^2 = \{-(a-b)\}^2 = (a-b)^2$　　(9) $x^2 - y^2 - 4y - 4 = x^2 - (y^2 + 4y + 4)$

28 $x^4 = (x^2)^2$ とし，$x^2 = A$ などのように置き換えて考える。

5　因数分解（2）

例題 13　1 文字について整理(1)　　圞**29**

a^2+ac-b^2-bc を因数分解せよ。

解　　a^2+ac-b^2-bc

$=(a-b)c+a^2-b^2$　　　　　　　○ 最低次数の文字 c で整理する

$=(a-b)c+(a+b)(a-b)$　　　　　○ 共通因数 $a-b$ でくくる

$=(a-b)\{c+(a+b)\}=(a-b)(a+b+c)$

エクセル　文字が 2 つ以上あるとき ➡ 最低次数の文字で整理する

例題 14　たすき掛けの利用　　圞**30,31**

次の式を因数分解せよ。

(1)　$x^2+x-(y+2)(y+1)$　　　　(2)　$2x^2-3xy+3x-2y^2-y+1$

解　(1)　$x^2+x-(y+2)(y+1)$

$=\{x-(y+1)\}\{x+(y+2)\}$

$=(x-y-1)(x+y+2)$

○
$$
\begin{array}{ccccc}
1 & \diagdown\diagup & -(y+1) & \to & -y-1 \\
1 & \diagup\diagdown & (y+2) & \to & y+2 \\
\hline
1 & & -(y+1)(y+2) & & 1
\end{array}
$$
$\boxed{x^2 \text{ の係数}}$　$\boxed{\text{定数項}}$　$\boxed{x \text{ の係数}}$

(2)　$2x^2-3xy+3x-2y^2-y+1$

$=2x^2+(-3y+3)x-(2y^2+y-1)$

$=2x^2+(-3y+3)x-(2y-1)(y+1)$

$=\{2x+(y+1)\}\{x-(2y-1)\}$

$=(2x+y+1)(x-2y+1)$

○
$$
\begin{array}{ccccc}
2 & \diagdown\diagup & (y+1) & \to & y+1 \\
1 & \diagup\diagdown & -(2y-1) & \to & -4y+2 \\
\hline
& & & & -3y+3
\end{array}
$$

エクセル　2 次式の因数分解 ➡ たすき掛けを考える

例題 15　1 文字について整理(2)　　圞**33**

$ab(a-b)+bc(b-c)+ca(c-a)$ を因数分解せよ。

解　　$ab(a-b)+bc(b-c)+ca(c-a)$

$=a^2b-ab^2+b^2c-bc^2+c^2a-ca^2$　　○ 慣れるまでは，一度すべて展開してみる

$=(b-c)a^2-(b^2-c^2)a+b^2c-bc^2$　　○ a の 2 次式とみて整理する

$=(b-c)a^2-(b+c)(b-c)a+bc(b-c)$　○ 共通因数 $(b-c)$ をくくり出す

$=(b-c)\{a^2-(b+c)a+bc\}$

$=(b-c)(a-b)(a-c)$　　　　　　　○ $a-c=-(c-a)$

$=-(a-b)(b-c)(c-a)$　　　　　　○ 答えは形よく整理するとよい

14

A

29 次の式を因数分解せよ。 ↪ 例題13

(1) $a^2 - 2a + 2ab - 4b$

*(2) $xy - x - y + 1$

(3) $p^2 - pq + q - 1$

(4) $ab + ac + b^2 + bc$

*(5) $a^2b + a - b - 1$

(6) $a^2c - b^2c - a^2 + b^2$

*(7) $a^2b + a^2c + ab^2 - b^2c$

*(8) $2b^2 + 5b - 2bc + c - 3$

30 次の式を因数分解せよ。 ↪ 例題14

(1) $a^2 - 2a(b+c) + (b+c)^2$

*(2) $x^2 + 2x - (y+1)(y-1)$

(3) $x^2 + 3x - (a+3)(a+6)$

*(4) $ax^2 - (a+1)x + 1$

*(5) $abx^2 - (a-b)x - 1$

(6) $abx^2 + (a^2 - b^2)x - ab$

(7) $3x^2 - (2y+1)x - y(y-1)$

*(8) $2x^2 - (5y+1)x + (2y+1)(y-1)$

B

31 次の式を因数分解せよ。 ↪ 例題14

(1) $x^2 + 2xy + y^2 - 1$

*(2) $x^2 - x - y^2 + y$

(3) $x^2 + 4x - y^2 + 2y + 3$

*(4) $x^2 - 3xy + 2x + 2y^2 - 5y - 3$

(5) $2x^2 - 9xy + 9y^2 - 3x + 3y - 2$

(6) $6x^2 - 5xy + x - 6y^2 + 5y - 1$

*(7) $2x^2 + 7x + 3xy - 2y^2 - y + 3$

*(8) $2x^2 - 4y^2 - z^2 - 2xy + 4yz + zx$

32 次の式を因数分解せよ。

(1) $a^3 - a^2 + a^2b - 2a - ab - 2b$

(2) $a^2 + a + ac - b^2 - b + bc + c$

(3) $(a^2 + a)x^3 + (3a+1)x^2 - 2ax - 4$

33 次の式を因数分解せよ。 ↪ 例題15

*(1) $ab(a+b) + bc(b+c) + ca(c+a) + 2abc$

(2) $(a+b)(b+c)(c+a) + abc$

(3) $a(b-c)^2 + b(c-a)^2 + c(a-b)^2 + 8abc$

*(4) $ab(a+b) + bc(b+c) + ca(c+a) + 3abc$

ヒント **32** 最低次数の文字について整理する。

33 展開して a について整理する。

6 因数分解(3)

Step UP 例題 16　組合せの工夫による因数分解

次の式を因数分解せよ。

(1)　x^3-x^2+2x-2　　　　(2)　$(x+1)(x+2)(x+3)(x+4)-24$

解　(1)　$x^3-x^2+2x-2=x^2(x-1)+2(x-1)$
$$=(x-1)(x^2+2)$$

(2)　$(x+1)(x+2)(x+3)(x+4)-24$
$$=\{(x+1)(x+4)\}\{(x+2)(x+3)\}-24$$
$$=(x^2+5x+4)(x^2+5x+6)-24$$
$$=\{(x^2+5x)+4\}\{(x^2+5x)+6\}-24$$
$$=(x^2+5x)^2+10(x^2+5x)$$
$$=(x^2+5x)(x^2+5x+10)=x(x+5)(x^2+5x+10)$$

◯ $x^2+5x=A$ とおくと
$(A+4)(A+6)-24=A^2+10A=A(A+10)$

34　次の式を因数分解せよ。

*(1)　$a^3-2a^2-9a+18$　　　　(2)　$x^3+6x^2+12x+8$

*(3)　$(x-3)(x-1)(x+2)(x+4)+24$　　(4)　$(a-b-c+1)(a+1)+bc$

Step UP 例題 17　平方の差を作る因数分解

x^4+4 を因数分解せよ。

解　$x^4+4=(x^2)^2+4(x^2)+4-4x^2$
$$=(x^2+2)^2-(2x)^2$$
$$=(x^2+2x+2)(x^2-2x+2)$$

◯ $4x^2-4x^2$ を加えて A^2-B^2 の形を作る

35　次の式を因数分解せよ。

*(1)　x^4+3x^2+4　　　　(2)　x^4+5x^2+9

(3)　x^4+64　　　　*(4)　$a^4-8a^2b^2+4b^4$

(5)　$x^4-29x^2y^2+4y^4$　　　　(6)　$4a^4+3a^2b^2+9b^4$

Step UP 例題 18　発展 3乗の因数分解(1)

公式を利用して，$27x^3+8y^3$ を因数分解せよ。

解　$27x^3+8y^3=(3x)^3+(2y)^3$
$$=(3x+2y)(9x^2-6xy+4y^2)$$

3乗の因数分解の公式
$a^3+b^3=(a+b)(a^2-ab+b^2)$
$a^3-b^3=(a-b)(a^2+ab+b^2)$

36　次の式を因数分解せよ。

*(1)　a^3-64　　　*(2)　$27a^3+125$　　　(3)　$24x^3-81y^3$

Step UP 例題 19 〔発展〕**3 乗の因数分解 (2)**

公式を利用して，$x^3-9x^2y+27xy^2-27y^3$ を因数分解せよ。

解 $x^3-9x^2y+27xy^2-27y^3$

$=x^3-3 \cdot x^2 \cdot (3y)+3 \cdot x \cdot (3y)^2-(3y)^3$

$=(\boldsymbol{x-3y})^3$

3 乗の因数分解の公式

$a^3+3a^2b+3ab^2+b^3=(a+b)^3$
$a^3-3a^2b+3ab^2-b^3=(a-b)^3$

37 次の式を因数分解せよ。

(1) x^3+3x^2+3x+1 *(2) $x^3-6x^2+12x-8$

*(3) $8x^3+12x^2+6x+1$ (4) $27x^3-54x^2y+36xy^2-8y^3$

38 次の式を因数分解せよ。

(1) $8x^3y+27y^4$ *(2) $a^4b^3-27ac^3$

*(3) x^6-7x^3-8 (4) x^6-64y^6

39 次の問いに答えよ。

(1) $x^3+y^3=(x+y)^3-3xy(x+y)$ を利用して，次の式を因数分解せよ。

$x^3+y^3+z^3-3xyz$

(2) (1)の結果を利用して，次の式を因数分解せよ。

$x^3+8y^3+27-18xy$

40 次の式を因数分解せよ。

(1) $a^2+b^2+2bc-2ca-2ab$ (2) $(xy+1)(x+1)(y+1)+xy$

(3) $(ac-bd)^2-(ad-bc)^2$ (4) $(ac+bd)^2+(ad-bc)^2$

(5) $x^3-(a^2-a+1)x-a^2+a$

41 次の式を因数分解せよ。

(1) $a^3(b-c)+b^3(c-a)+c^3(a-b)$

(2) $(a+b)^3+(b+c)^3+(c+a)^3+a^3+b^3+c^3$

42 次の式を因数分解せよ。

(1) $(a+b)c^3-(a^2+ab+b^2)c^2+a^2b^2$

(2) $x^3-(a+b+c)x^2+(ab+bc+ca)x-abc$

ヒント **38** (4) $(x^3)^2-(8y^3)^2$ とみる。

     41 (2) $\{(a+b)^3+c^3\}+\{(b+c)^3+a^3\}+\{(c+a)^3+b^3\}$ と考える。

     42 最も次数の低い文字について整理する。

7 実数

例題 20　循環小数　　　　類**44**

次の分数を循環小数で表せ。また，循環小数を分数の形で表せ。

(1) $\dfrac{40}{27}$

(2) $0.\dot{3}\dot{9}$

解　(1) $\dfrac{40}{27}=1.481481\cdots\cdots=1.\dot{4}8\dot{1}$

◆ 実際に割り算を行い，循環する数の最初と最後に・をつけて表す

(2) $x=0.\dot{3}\dot{9}$ とおくと

$$\begin{array}{r}100x=39.3939\cdots\cdots\\ -)\quad x=\ 0.3939\cdots\cdots\\ \hline 99x=39\end{array}$$

よって　$x=\dfrac{39}{99}=\dfrac{13}{33}$

◆ 循環部分を消去するため，100倍して小数点の位置を2桁ずらす

例題 21　平方根の計算　　　　類**47**

次の式を計算せよ。

(1) $\sqrt{18}+\sqrt{72}-\sqrt{50}$　(2) $(2\sqrt{3}+\sqrt{7})^2$　(3) $(\sqrt{2}-2\sqrt{3})(2\sqrt{2}+\sqrt{3})$

解　(1) $\sqrt{18}+\sqrt{72}-\sqrt{50}=\sqrt{2\times3^2}+\sqrt{2^3\times3^2}-\sqrt{2\times5^2}$

◆ $\sqrt{\ }$ の中を素因数分解する

$$=3\sqrt{2}+6\sqrt{2}-5\sqrt{2}$$
$$=(3+6-5)\sqrt{2}=4\sqrt{2}$$

(2) $(2\sqrt{3}+\sqrt{7})^2=12+2\cdot2\sqrt{3}\sqrt{7}+7=19+4\sqrt{21}$

◆ $(a+b)^2=a^2+2ab+b^2$

(3) $(\sqrt{2}-2\sqrt{3})(2\sqrt{2}+\sqrt{3})$
$$=2\cdot2+(1-2\cdot2)\sqrt{2}\sqrt{3}-2\cdot3=-2-3\sqrt{6}$$

◆ $(ax+b)(cx+d)$ $=acx^2+(ad+bc)x+bd$

例題 22　分母の有理化　　　　類**48,50**

次の式の分母を有理化せよ。

(1) $\dfrac{\sqrt{3}-\sqrt{2}}{\sqrt{3}+\sqrt{2}}$

(2) $\dfrac{1}{1+\sqrt{2}-\sqrt{3}}$

解　(1) $\dfrac{\sqrt{3}-\sqrt{2}}{\sqrt{3}+\sqrt{2}}=\dfrac{(\sqrt{3}-\sqrt{2})^2}{(\sqrt{3}+\sqrt{2})(\sqrt{3}-\sqrt{2})}=\dfrac{3-2\sqrt{3}\sqrt{2}+2}{(\sqrt{3})^2-(\sqrt{2})^2}$

$$=\dfrac{5-2\sqrt{6}}{3-2}=5-2\sqrt{6}$$

(2) $\dfrac{1}{1+\sqrt{2}-\sqrt{3}}=\dfrac{1+\sqrt{2}+\sqrt{3}}{\{(1+\sqrt{2})-\sqrt{3}\}\{(1+\sqrt{2})+\sqrt{3}\}}$

◆ 分母と分子に $\{(1+\sqrt{2})+\sqrt{3}\}$ を掛ける

$$=\dfrac{1+\sqrt{2}+\sqrt{3}}{(1+\sqrt{2})^2-3}=\dfrac{1+\sqrt{2}+\sqrt{3}}{2\sqrt{2}}=\dfrac{\sqrt{2}+2+\sqrt{6}}{4}$$

エクセル　分母の有理化 ➡ $(A+B)(A-B)=A^2-B^2$ を利用する

18

A

***43** 次の分数のうち，有限小数で表されるものをすべて選べ。

$$\frac{7}{12}, \quad \frac{11}{40}, \quad \frac{25}{51}, \quad \frac{1}{160}, \quad \frac{13}{256}$$

44 次の分数を小数で表せ。また，循環小数を分数の形で表せ。　　↪ 例題20

*(1) $\dfrac{3}{8}$　　　　(2) $\dfrac{5}{3}$　　　　(3) $-\dfrac{12}{11}$　　*(4) $\dfrac{8}{27}$

(5) $0.\dot{5}$　　　(6) $4.\dot{5}\dot{4}$　　*(7) $0.3\dot{4}\dot{5}$　　*(8) $0.1\dot{2}$

45 次の値を求めよ。

(1) $|-7|$　　*(2) $|2-\sqrt{5}|$　　*(3) $|\pi-4|$　　(4) $|3-\sqrt{6}|+|1-\sqrt{6}|$

***46** 次の値を求めよ。

(1) 64の平方根　(2) $\sqrt{121}$　　(3) $\sqrt{(-9)^2}$　　(4) $\sqrt{(1-\sqrt{2})^2}$

47 次の式を計算せよ。　　↪ 例題21

(1) $\sqrt{8}\sqrt{27}$　　　　　　　　　(2) $\sqrt{20}-\sqrt{45}$

*(3) $\sqrt{12}-\sqrt{27}-\sqrt{48}+\sqrt{75}$　　(4) $\sqrt{7}(3\sqrt{14}-\sqrt{56})$

(5) $(\sqrt{5}+\sqrt{3})^2$　　　　　　*(6) $(\sqrt{3}-2\sqrt{2})^2$

*(7) $(2\sqrt{5}+3\sqrt{2})(2\sqrt{5}-3\sqrt{2})$　(8) $(2\sqrt{5}+3\sqrt{2})(3\sqrt{5}-2\sqrt{2})$

48 次の式の分母を有理化せよ。　　↪ 例題22

(1) $\dfrac{8}{3\sqrt{2}}$　　*(2) $\dfrac{\sqrt{3}}{\sqrt{3}-\sqrt{2}}$　　*(3) $\dfrac{2\sqrt{3}-3}{2\sqrt{3}+3}$　　(4) $\dfrac{5+2\sqrt{3}}{4-\sqrt{3}}$

B

49 次の式を計算せよ。

(1) $(\sqrt{2}-1)^4(\sqrt{2}+1)^4$　　　*(2) $(\sqrt{2}+\sqrt{3}+\sqrt{6})(\sqrt{2}-\sqrt{3}-\sqrt{6})$

(3) $\dfrac{\sqrt{5}+\sqrt{3}}{\sqrt{5}-\sqrt{3}}+\dfrac{\sqrt{5}-\sqrt{3}}{\sqrt{5}+\sqrt{3}}$　　*(4) $\dfrac{1}{2+\sqrt{5}}+\dfrac{1}{\sqrt{5}+\sqrt{6}}+\dfrac{1}{\sqrt{6}+\sqrt{7}}$

***50** $\dfrac{1}{\sqrt{2}-\sqrt{3}+\sqrt{5}}$ の分母を有理化せよ。　　↪ 例題22

ヒント **45** $A\geqq0$ のとき $|A|=A$　$A<0$ のとき $|A|=-A$

46 $\sqrt{A^2}=|A|$

49 (1) $(A+1)^4(A-1)^4=\{(A+1)(A-1)\}^4$

50 分母と分子に $\{(\sqrt{2}-\sqrt{3})-\sqrt{5}\}$ を掛ける。

いろいろな式の値

$x=\sqrt{5}+\sqrt{2}$, $y=\sqrt{5}-\sqrt{2}$ のとき，次の式の値を求めよ。

(1) $x+y$ (2) xy (3) x^2+y^2 (4) x^3+y^3

解 (1) $x+y=(\sqrt{5}+\sqrt{2})+(\sqrt{5}-\sqrt{2})=2\sqrt{5}$

(2) $xy=(\sqrt{5}+\sqrt{2})(\sqrt{5}-\sqrt{2})=5-2=\mathbf{3}$

(3) $x^2+y^2=(x+y)^2-2xy=(2\sqrt{5})^2-2\cdot3=\mathbf{14}$

(4) $x^3+y^3=(x+y)^3-3xy(x+y)=(2\sqrt{5})^3-3\cdot3\cdot2\sqrt{5}=\mathbf{22\sqrt{5}}$

エクセル 対称式の変形 ➡ $x^2+y^2=(x+y)^2-2xy$, $x^3+y^3=(x+y)^3-3xy(x+y)$

---

*__51__ $x=\dfrac{1-\sqrt{3}}{1+\sqrt{3}}$, $y=\dfrac{1+\sqrt{3}}{1-\sqrt{3}}$ のとき，次の式の値を求めよ。

(1) xy (2) $x+y$ (3) x^2+y^2

(4) x^3+y^3 (5) x^4+y^4 (6) x^5+y^5

__52__ $x+\dfrac{1}{x}=3$ $(x>1)$ のとき，次の式の値を求めよ。

(1) $x^2+\dfrac{1}{x^2}$ (2) $x^3+\dfrac{1}{x^3}$ (3) $x-\dfrac{1}{x}$

__53__ $x+y+z=-2$, $xy+yz+zx=-4$, $xyz=5$ のとき，次の式の値を求めよ。

(1) $x^2+y^2+z^2$ (2) $x^2y^2+y^2z^2+z^2x^2$ (3) $x^3+y^3+z^3$

$\dfrac{\sqrt{3}+1}{\sqrt{3}-1}$ の整数部分を a, 小数部分を b とするとき，a^2+ab+b^2 の値を求めよ。

解 $\dfrac{\sqrt{3}+1}{\sqrt{3}-1}=\dfrac{(\sqrt{3}+1)^2}{(\sqrt{3}-1)(\sqrt{3}+1)}=2+\sqrt{3}$

$1<\sqrt{3}<2$ より，$3<2+\sqrt{3}<4$ であるから

$a=3$, $b=(2+\sqrt{3})-3=\sqrt{3}-1$

$a^2+ab+b^2=3^2+3(\sqrt{3}-1)+(\sqrt{3}-1)^2=\mathbf{10+\sqrt{3}}$

↻ $2+\sqrt{3}=3.732\cdots$
整数部分は 3
小数部分は $2+\sqrt{3}-3=\sqrt{3}-1$
と表せる

エクセル A の小数部分 ➡ $A-(A$ の整数部分$)$ で表す

---

*__54__ $\dfrac{\sqrt{2}+1}{\sqrt{2}-1}$ の整数部分を a, 小数部分を b とするとき，次の式の値を求めよ。

(1) a (2) b (3) $ab+b^2-b$

ヒント __53__ (2) $(x+y+z)^2=x^2+y^2+z^2+2xy+2yz+2zx$ の公式に $x\to xy$, $y\to yz$, $z\to zx$ を代入。

(3) 公式 $x^3+y^3+z^3-3xyz=(x+y+z)(x^2+y^2+z^2-xy-yz-zx)$ を使う（p.17 __39__ 参照）。

Step UP 例題 25　　二重根号のはずし方

次の二重根号をはずせ。

(1) $\sqrt{7-2\sqrt{12}}$

(2) $\sqrt{9+\sqrt{80}}$

解　(1) $\sqrt{7-2\sqrt{12}}=\sqrt{(4+3)-2\sqrt{4\times3}}$

$\qquad\qquad\qquad\quad=\sqrt{4}-\sqrt{3}=2-\sqrt{3}$

(2) $\sqrt{9+\sqrt{80}}=\sqrt{9+2\sqrt{20}}$　　　🔵 $\sqrt{p+2\sqrt{q}}$ の形を作る

$\qquad\qquad\qquad=\sqrt{(5+4)+2\sqrt{5\times4}}$

$\qquad\qquad\qquad=\sqrt{5}+\sqrt{4}=\sqrt{5}+2$

二重根号のはずし方
$a>b>0$ のとき $\sqrt{a+b+2\sqrt{ab}}=\sqrt{a}+\sqrt{b}$ $\sqrt{a+b-2\sqrt{ab}}=\sqrt{a}-\sqrt{b}$

エクセル　二重根号 ➡ $\sqrt{p\pm2\sqrt{q}}$ の形にし，

$\qquad\qquad\qquad p=a+b$（和），$q=ab$（積）となる a，b をさがす

55　次の二重根号をはずせ。

*(1) $\sqrt{10+2\sqrt{21}}$　　(2) $\sqrt{15+2\sqrt{54}}$　　(3) $\sqrt{9-2\sqrt{14}}$　　*(4) $\sqrt{11-2\sqrt{30}}$

56　次の二重根号をはずせ。

(1) $\sqrt{11-\sqrt{96}}$　　　　(2) $\sqrt{3+\sqrt{5}}$　　　　(3) $\sqrt{8-3\sqrt{7}}$

Step UP 例題 26　　整式の値

$x=\sqrt{3}-2$ のとき，次の式の値を求めよ。

(1) x^2+4x+1

(2) x^3+4x^2+2x+3

解　(1) $x=\sqrt{3}-2$ より　　　　$x+2=\sqrt{3}$

両辺を2乗して　　　　$(x+2)^2=(\sqrt{3})^2$　　　🔵 $\sqrt{3}$ の $\sqrt{\ }$ がはずれるように2乗する

$\qquad\qquad\qquad\qquad x^2+4x+4=3$

よって　　　　　　　$x^2+4x+1=0$

(2) (1)より $x^2=-4x-1$ であるから

x^3+4x^2+2x+3

$=x\cdot x^2+4\cdot x^2+2x+3$

$=x(-4x-1)+4(-4x-1)+2x+3$　　　🔵 $x^2=-4x-1$ を代入して次数を下げる

$=-4x^2-15x-1$

$=-4(-4x-1)-15x-1$

$=x+3=\sqrt{3}+1$　　　🔵 ここで $x=\sqrt{3}-2$ を代入する

57　$x=\dfrac{-1+\sqrt{5}}{2}$ のとき，次の式の値を求めよ。

(1) x^2+x-1

(2) x^4+x^3+3x-1

9　1次不等式

例題 27　1次不等式の解法　　　類58

不等式 $\dfrac{x+2}{3}-\dfrac{x-1}{2}<2$ を解け。

解　　$\dfrac{x+2}{3}-\dfrac{x-1}{2}<2$　　　　　◉ 分母の最小公倍数 6 を両辺に掛ける

$$2(x+2)-3(x-1)<12$$
$$2x+4-3x+3<12$$
$$-x<5$$　　　　　　　◉ 負の数を掛けると不等号の向きが変わる

よって　　　　$x>-5$

エクセル　負の数を掛ける，負の数で割る ➡ 不等号の向きが変わる

例題 28　連立1次不等式の解法　　　類59

連立不等式 $\begin{cases} 4x-5\leqq 2x+3 \\ 2x+3<5x+9 \end{cases}$ を解け。

解　$4x-5\leqq 2x+3$ より　$x\leqq 4$　…①

$2x+3<5x+9$ より　$x>-2$　…②

求める解は，①と②の共通範囲であるから

$$-2<x\leqq 4$$

エクセル　共通範囲を求める ➡ 数直線上に図示する

例題 29　不等式を満たす整数解　　　類62,63

不等式 $3x-a<2x+3<4x-1$ を満たす整数 x が，ちょうど3個あるとき，定数 a の値の範囲を求めよ。

解　$3x-a<2x+3$ より　$x<a+3$

$2x+3<4x-1$ より　$x>2$

x の範囲は $2<x<a+3$ である。

この範囲に整数が $x=3,\ 4,\ 5$

のちょうど3個あるようにすれば

よいから

$$5<a+3\leqq 6$$

よって　$2<a\leqq 3$

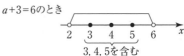

エクセル　定数 a の値の範囲を定めよ ➡ 範囲の両端に注意する

A

58 次の不等式を解け。　　　　　　　　　　　　　　　　　　　　↪ 例題27

(1)　$8x-5>4x+3$　　　　　　　*(2)　$3x+8\leqq5x+6$

(3)　$4(x-2)-(x+1)>3$　　　*(4)　$5(x-1)\leqq8x+2$

*(5)　$\dfrac{3}{2}x-\dfrac{5}{6}>x+\dfrac{2}{3}$　　　　　　　(6)　$0.7x-2>0.98x+3.6$

59 次の不等式を解け。　　　　　　　　　　　　　　　　　　　　↪ 例題28

(1)　$\begin{cases} 4x+3\geqq2x-7 \\ 3x+2>6x-4 \end{cases}$　　　*(2)　$\begin{cases} 3-\dfrac{x}{2}<9-2x \\ 4x-6<2x-1 \end{cases}$　　　*(3)　$\begin{cases} 3x-1\geqq5-2x \\ 2x+3>4(x-1) \end{cases}$

(4)　$4x-5\leqq2x+1\leqq5x+7$　　　　　*(5)　$x-3\leqq1-2x<3x+4$

60　(1)　不等式 $5x+4(9-3x)>0$ を満たす最大の自然数を求めよ。

　　*(2)　不等式 $x+1>\sqrt{2}x-1$ を解け。また，この不等式を満たす自然数 x を
　　　すべて求めよ。

* **61**　ある施設の入場料は 1 人 700 円であるが，事前に 20 人以上の団体で予約す
　　　ると 1 人 500 円になるという。20 人未満であっても 20 人の団体として予約
　　　した方が入場料の総額が安くなるのは何人からか。

B

62 不等式 $-x+4a<x+3a+1$ を解け。また，この不等式について，6 は解で
　　あるが 5 は解ではないとき，a の値の範囲を求めよ。　　　　↪ 例題29

* **63**　x の連立不等式 $\begin{cases} 9x-10<11+6x \\ 4x-3>2x+a \end{cases}$ を満たす自然数 x が，ちょうど 3 個あ

　　るとき，定数 a の値の範囲を求めよ。　　　　　　　　　　　　↪ 例題29

* **64**　生徒全員が長椅子に座るのに，1 脚に 8 人ずつかけていくと 10 人が座れず，
　　　1 脚に 10 人ずつかけていくと誰も座らない長椅子が 1 脚あった。長椅子の
　　　数は何脚以上，何脚以下か。

65 不等式 $ax+1<x+3$ の解が次のようになるとき，定数 a の値を求めよ。

(1)　$x<1$　　　　　　　　　　　　(2)　$x>-2$

66 a を定数とする。不等式 $ax\geqq a^2$ を解け。

ヒント **62, 63**　求める a の値の範囲の両端に注意する。

　　　　64　10 人ずつかけるとき，用いられる最後の長椅子には 1 人～10 人座ることになる。

10 絶対値の計算

例題 30 **絶対値のはずし方**　　　　　　　　　　　　　　類**68,69**

a の値が次の値または範囲にあるとき，$|a-2|$ を絶対値記号を用いない形で表せ。

(1) $a=\sqrt{2}$ 　　　　　(2) $a<2$ 　　　　　(3) $a>2$

解 (1) $a=\sqrt{2}$ のとき，$a-2=\sqrt{2}-2<0$（負）

　　　　よって $|a-2|=-(\sqrt{2}-2)=2-\sqrt{2}$

(2) $a<2$ のとき，$a-2<0$（負）

　　　　よって $|a-2|=-(a-2)=-a+2$

(3) $a>2$ のとき，$a-2>0$（正）　よって $|a-2|=a-2$

絶対値
$a \geqq 0$ のとき　$|a|=a$
$a<0$ のとき　$|a|=-a$

エクセル 絶対値| $|$ のはずし方 ➡ $|$ $|$ の中が 0 になる値を分岐点にして場合分け

例題 31 **絶対値を含む方程式，不等式(1)**　　　　　　　類**70**

次の方程式，不等式を解け。

(1) $|2x-1|=3$ 　　　　　(2) $|2x-1| \leqq 3$

解 (1) $2x-1=\pm3$ より $2x=-2, 4$ であるから $x=-1, 2$

(2) $-3 \leqq 2x-1 \leqq 3$ より $-2 \leqq 2x \leqq 4$ であるから $-1 \leqq x \leqq 2$

例題 32 **絶対値を含む方程式，不等式(2)**　　　　　　　類**72**

次の方程式，不等式を解け。

(1) $|x+3|=2x$ 　　　　　(2) $|x+1|<2x$

解 (1) (ⅰ) $x \geqq -3$ のとき，方程式は $x+3=2x$

　　　　これを解くと $x=3$ で $x \geqq -3$ を満たす。　◀ 解が適切かどうかを調べる

　　(ⅱ) $x<-3$ のとき，方程式は $-x-3=2x$

　　　　これを解くと $x=-1$ で $x<-3$ を満たさない。

　　(ⅰ), (ⅱ)より，求める解は $x=3$

(2) (ⅰ) $x \geqq -1$ のとき，不等式は $x+1<2x$

　　　　これを解くと $x>1$

　　　　$x \geqq -1$ との共通範囲は $x>1$

(ⅰ)

　　(ⅱ) $x<-1$ のとき，不等式は $-x-1<2x$

　　　　これを解くと $x>-\dfrac{1}{3}$

　　　　$x<-1$ との共通範囲はない。

(ⅱ)

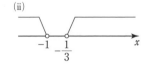

　　(ⅰ), (ⅱ)より，求める解は $x>1$

*67 次の方程式，不等式を解け。

(1) $|x|=5$　　　　(2) $|x|<9$　　　　(3) $|x|\geqq 6$

*68 a の値が次の範囲にあるとき，$|a+4|$ を絶対値記号を用いない形で表せ。

(1) $a<-4$　　　　　　　　(2) $-4<a$　　　　↩ 例題30

69 次の式を絶対値記号を用いない形で表せ。　　　　↩ 例題30

(1) $|a+3|$　　　　　　　　*(2) $|3x-2|$

70 次の方程式，不等式を解け。　　　　↩ 例題31

(1) $|x-1|=3$　　(2) $|x+5|=4$　　*(3) $|2x+3|=7$

*(4) $|x+2|>6$　　*(5) $|5x-2|\leqq 3$　　(6) $|1-2x|>2$

71 x の値が次の範囲にあるとき，$|x|+|x-3|$ を絶対値記号を用いない形で表せ。

(1) $x<0$　　　　(2) $0\leqq x<3$　　　　(3) $x\geqq 3$

72 次の方程式，不等式を解け。　　　　↩ 例題32

*(1) $2|x-1|=3x$　　(2) $|2x+3|=-x+1$　　*(3) $|3x-6|\leqq x+2$

73 次の方程式，不等式を解け。

*(1) $|x+1|+|x-2|=7$　　　　(2) $|x+1|+|2x-4|<9$

(3) $|x-2|\geqq -|x-4|+4$

74 次の式の根号をはずして，x の1次式として表せ。

*(1) $\sqrt{x^2-6x+9}$　　　　　　(2) $\sqrt{x^2}+\sqrt{(2x-5)^2}$

75 $x=a^2-2a\ (-1<a<1)$ のとき，次の式を簡単にせよ。

$$\sqrt{x+1}+\sqrt{x+4a+1}$$

ヒント **71** $x=0$，$x-3=0$ から $x=0$, 3 を分岐点として3か所に場合分けして考える。

74 $\sqrt{A^2}=|A|$ を使う。

11 集合

例題 33 共通部分，和集合，補集合，ド・モルガンの法則　　國**80,81**

全体集合 $U=\{1,\ 2,\ 3,\ 4,\ 5,\ 6\}$ の部分集合 A，B について

$A=\{n\mid n$ は 6 の約数$\}$，$B=\{2n\mid n=1,\ 2,\ 3\}$

であるとき，次の集合を求めよ。

(1) $A\cap B$　　　　　　(2) $A\cup B$　　　　　　(3) $\overline{A}$

(4) $\overline{A}\cap B$　　　　　　(5) $\overline{A}\cup\overline{B}$

解　$A=\{1,\ 2,\ 3,\ 6\}$

　　　$B=\{2,\ 4,\ 6\}$　　である。

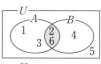
共通部分
$A\cap B$

(1) A と B の共通部分であるから

　　$A\cap B=\{2,\ 6\}$

(2) A と B の和集合であるから

　　$A\cup B=\{1,\ 2,\ 3,\ 4,\ 6\}$

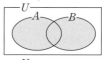
和集合
$A\cup B$

(3) A の補集合であるから

　　$\overline{A}=\{4,\ 5\}$

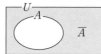
Aの補集合
$\overline{A}$

(4) $\overline{A}$ と B の共通部分であるから

　　$\overline{A}\cap B=\{4\}$

(5) $\overline{A}\cup\overline{B}=\overline{A\cap B}=\{1,\ 3,\ 4,\ 5\}$

◯ ド・モルガンの法則より
$\overline{A\cup B}$ は(1)の集合の補集合

エクセル　集合に関する問題　➡　ベン図をかいて考える

　　　　　ド・モルガンの法則 ➡ $\overline{A\cup B}=\overline{A}\cap\overline{B}$，$\overline{A\cap B}=\overline{A}\cup\overline{B}$

例題 34 2つの集合の要素　　　　　　　　　　　　　　國**82**

全体集合を $U=\{1,\ 2,\ 3,\ 4,\ 5,\ 6,\ 7\}$ とし，その部分集合 A，B について

$A\cap B=\{3,\ 7\}$，$A\cup B=\{1,\ 3,\ 4,\ 5,\ 7\}$，$A\cap\overline{B}=\{1,\ 4\}$

であるとき，B，$\overline{A}\cap\overline{B}$ を求めよ。

解　条件から下の図のようになる。

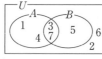

◯ $A\cap B$ はイ，$A\cup B$ はアイウ，$A\cap\overline{B}$ はア
を表すから，ベン図にア，イの要素をかき込むと，残りの
ウの $\overline{A}\cap B$，エの $\overline{A\cup B}$
がわかる

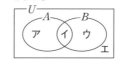

上の図から

$B=\{3,\ 5,\ 7\}$

$\overline{A}\cap\overline{B}=\overline{A\cup B}=\{2,\ 6\}$

エクセル　2つの集合の要素に関する問題

　　　➡ ベン図をかいて，$A\cap B$，$A\cap\overline{B}$，$\overline{A}\cap B$，$\overline{A\cup B}$ を求める

*76 集合 A を有理数全体の集合とする。次の □ に $\in$, $\notin$, $\subset$, $\supset$ のいずれか適するものをかき入れよ。

(1) 0 □ A　　　　(2) $\sqrt{5}$ □ A

(3) A □ $\{5\}$　　　　(4) $\varnothing$ □ A

77 次の集合を、要素をかき並べる方法で表せ。

*(1) $A=\{x \mid x$ は 24 の正の約数$\}$　　(2) $B=\{4n \mid -1 \leqq n < 3, \ n$ は整数$\}$

78 次の 2 つの集合 A, B の包含関係を記号 $\subset$, $\supset$, $=$ を用いて表せ。

*(1) $A=\{x \mid x$ は 3 の倍数, $x \geqq 0\}$, $B=\{x \mid x$ は 6 の倍数, $x \geqq 0\}$

(2) $A=\{2n-4 \mid 1 \leqq n \leqq 3, \ n$ は整数$\}$, $B=\{n \mid |n| \leqq 2, \ n$ は整数$\}$

(3) $A=\{n^2 \mid n=1, \ 2\}$, $B=\{x \mid x^2-5x+4=0\}$

79 集合 $\{1, \ 2, \ 3, \ 4\}$ の部分集合のうち、要素が 3 個のものをすべてかけ。

80 次の 2 つの集合の共通部分と和集合を求めよ。　　　　　↩ 例題33

*(1) $A=\{2, \ 3, \ 5, \ 7\}$, $B=\{0, \ 1, \ 3, \ 7\}$

(2) $A=\{1, \ 2, \ 4, \ 8\}$, $B=\{3, \ 6, \ 9\}$

*(3) $A=\{2n+3 \mid n=0, \ 1, \ 2\}$, $B=\{x \mid x$ は 1 桁の素数$\}$

81 1 桁の自然数全体を全体集合 U とする。U の部分集合

$$A=\{1, \ 3, \ 5, \ 7, \ 9\}, \ B=\{2, \ 3, \ 6, \ 9\}$$

について、次の集合を求めよ。　　　　　↩ 例題33

*(1) $\overline{A}$　　　*(2) $\overline{A} \cap B$　　　(3) $A \cup \overline{B}$　　　*(4) $\overline{A \cap B}$

(5) $\overline{A \cup B}$　　　*(6) $\overline{A} \cup B$　　　(7) $\overline{A} \cap \overline{B}$　　　(8) $\overline{A} \cup \overline{B}$

*82 全体集合 $U=\{1, \ 2, \ 3, \ 4, \ 5, \ 6, \ 7\}$ の部分集合 A, B について

$$A \cup B=\{1, \ 2, \ 4, \ 5, \ 7\}, \ \overline{A} \cap B=\{2\}, \ \overline{B}=\{1, \ 3, \ 5, \ 6\}$$

であるとき、次の集合を求めよ。　　　　　↩ 例題34

(1) A　　　　(2) $A \cap \overline{B}$　　　　(3) $\overline{A} \cap \overline{B}$

83 $A=\{-1, \ 0, \ 1, \ 3, \ 5, \ 8\}$, $B=\{k, \ k-3\}$ について、次の問いに答えよ。

(1) $A \supset B$ であるような自然数 k の値を求めよ。

(2) $A \cap B=\varnothing$ であるような自然数 k の値を求めよ。ただし、$k \leqq 9$ とする。

Step UP 例題 35　不等式で表された集合の包含関係の決定

　実数全体を全体集合とし，その部分集合 $A=\{x\,|\,1\leqq x\leqq4\}$，$B=\{x\,|\,x\geqq a\}$ について，次の条件を満たす a の値の範囲を求めよ。

(1)　$A\subset B$　　　　　(2)　$A\cap B=\varnothing$　　　　(3)　$A\cup B=\{x\,|\,x\geqq1\}$

解　(1)　$1\leqq x\leqq4$ が $x\geqq a$ に
　　　　含まれればよい。
　　　　右の図より　$\boldsymbol{a\leqq1}$

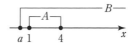

　　(2)　$1\leqq x\leqq4$ と $x\geqq a$ の
　　　　共通範囲がなければよい。
　　　　右の図より　$\boldsymbol{a>4}$

　　　　　　　　　　　　　　　　　　　　　↞ $a=4$ のとき
　　　　　　　　　　　　　　　　　　　　　　$A\cap B=\{4\}$
　　　　　　　　　　　　　　　　　　　　　となるから不適

　　(3)　$1\leqq x\leqq4$ と $x\geqq a$ を
　　　　重ね合わせた範囲が
　　　　$x\geqq1$ となればよい。
　　　　右の図より　$\boldsymbol{1\leqq a\leqq4}$

　　　　　　　　　　　　　　　　　　　　　↞ $a=1$，4 のとき
　　　　　　　　　　　　　　　　　　　　　　$A\cup B=\{x\,|\,x\geqq1\}$
　　　　　　　　　　　　　　　　　　　　　となるから適する

エクセル　不等式で表された集合の包含関係 ➡ 集合を数直線上に図示して考える
　　　　　　　　　　　　　　　　　　　　　両端に＝が入るかどうか考える

***84**　$A=\{x\,|\,-2\leqq x\leqq3\}$，$B=\{x\,|\,x<1 \text{ または } 4<x\}$ とするとき，次の集合を求めよ。ただし，全体集合は実数全体とする。

(1)　$A\cap B$　　　　(2)　$A\cup B$　　　　(3)　$\overline{A}$

(4)　$A\cap\overline{B}$　　　　(5)　$\overline{A}\cup B$　　　　(6)　$\overline{A}\cap\overline{B}$

85　$A=\{x\,|\,1\leqq x\leqq5\}$，$B=\{x\,|\,a\leqq x\leqq b\}$ について，$A\cap B=\{x\,|\,3\leqq x\leqq5\}$，$A\cup B=\{x\,|\,1\leqq x\leqq6\}$ であるとき，定数 a，b の値を求めよ。

86　実数全体を全体集合とし，$A\cap B=\{x\,|\,2\leqq x<5\}$，$\overline{A}\cap\overline{B}=\{x\,|\,x\leqq0\}$，$A\cap\overline{B}=\{x\,|\,0<x<2\}$ とするとき，次の集合を求めよ。

(1)　$\overline{A}\cap B$　　　　(2)　A　　　　(3)　B　　　　(4)　$A\cup B$

***87**　2つの集合 $A=\{x\,|\,-1\leqq x\leqq2\}$，$B=\{x\,|\,a<x<3\}$ について，次の条件を満たす a の値の範囲を求めよ。ただし，$a<3$ とする。

(1)　$A\subset B$　　　　(2)　$A\cap B=\varnothing$　　　　(3)　$A\cup B=\{x\,|\,-1\leqq x<3\}$

Step UP 例題 36 3つの集合の共通部分と和集合

1桁の自然数を全体集合 U とする。U の部分集合

$A=\{1,\ 3,\ 5,\ 8\}$, $B=\{1,\ 2,\ 5,\ 9\}$, $C=\{3,\ 5,\ 6,\ 9\}$

について，次の集合を求めよ。

(1) $A\cap B\cap C$　　　(2) $A\cup B\cup C$　　　(3) $(A\cap B)\cup\overline{C}$

解 右の図より

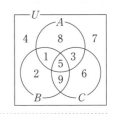

(1) $A\cap B\cap C=\{5\}$

(2) $A\cup B\cup C=\{1,\ 2,\ 3,\ 5,\ 6,\ 8,\ 9\}$

(3) $(A\cap B)\cup\overline{C}=\{1,\ 2,\ 4,\ 5,\ 7,\ 8\}$

エクセル 3つの集合の場合も，ベン図をかいて考える

88 12以下の自然数を全体集合 U とする。U の部分集合

$A=\{x\,|\,x$ は 10 の正の約数$\}$,　　$B=\{x\,|\,x$ は 12 の正の約数$\}$,

$C=\{x\,|\,12$ 以下の素数$\}$

について，次の集合を求めよ。

*(1) $A\cap B\cap C$　　(2) $A\cup B\cup C$　　*(3) $A\cap B\cap\overline{C}$

(4) $\overline{A}\cap\overline{B}\cap C$　　*(5) $\overline{A}\cap(B\cup C)$　　(6) $\overline{A}\cap\overline{B}\cap\overline{C}$

Step UP 例題 37 集合の要素の決定

$A=\{2,\ a-2,\ a+3\}$, $B=\{a-3,\ 3,\ 2a-4\}$ について，$A\cap B=\{2,\ 3\}$ のとき，a の値と $A\cup B$ を求めよ。

解 $A\cap B=\{2,\ 3\}$ より

$a-2=3$ または $a+3=3$ …①

$a-3=2$ または $2a-4=2$ …②

である。

①より $a=5$, $a=0$

②より $a=5$, $a=3$

①，②をともに満たす値であるから　$a=5$

このとき　$A=\{2,\ 3,\ 8\}$　$B=\{2,\ 3,\ 6\}$

これは $A\cap B=\{2,\ 3\}$ を満たす。

よって　**$a=5$, $A\cup B=\{2,\ 3,\ 6,\ 8\}$**

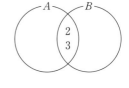

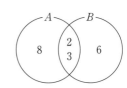

89 $A=\{2,\ 2a,\ b+3\}$, $B=\{a^2,\ 4b,\ 2b-a\}$ について，$A\cap B=\{4,\ 8\}$ のとき，a, b の値と $A\cup B$ を求めよ。

例題 38　必要条件・十分条件　題91,93

次の □ の中に，必要，十分，必要十分のうち最も適するものを入れ，いずれでもない場合は×印をつけよ。ただし，文字はすべて実数とする。

(1)　$a=b$ は $ac=bc$ であるための □ 条件

(2)　$xy>0$ は $x>0$ かつ $y>0$ であるための □ 条件

(3)　$x+y<0$ は $xy<0$ であるための □ 条件

(4)　$x=y=0$ は $x^2+y^2=0$ であるための □ 条件

解　(1)　$a=b \rightleftarrows ac=bc$　であるから

　　　十分　（反例：$c=0$，$a=1$，$b=2$）

(2)　$xy>0 \rightleftarrows x>0$ かつ $y>0$　であるから

　　　必要　（反例：$x=-1$，$y=-2$）

(3)　$x+y<0 \rightleftarrows xy<0$　であるから

　　　×　（反例：$x=-1$，$y=-2$ のとき

　　　　　　　　$x+y<0 \nrightarrow xy<0$

　　　　　　$x=-1$，$y=2$ のとき

　　　　　　　　$xy<0 \nrightarrow x+y<0$）

(4)　$x=y=0 \rightleftarrows x^2+y^2=0$　であるから

　　　必要十分

> **必要条件と十分条件**
>
> 命題「$p \Longrightarrow q$」が真であるとき
> p は q であるための十分条件
> q は p であるための必要条件

◎ x，y が実数のとき
$x^2+y^2=0 \Longleftrightarrow x=0$ かつ $y=0$

エクセル　何条件か調べる ➡ 「$p \Longrightarrow q$」と「$q \Longrightarrow p$」が成り立つかを調べる

例題 39　条件と集合　題92,94

$p:1 \leqq x \leqq 3$，$q:a \leqq x \leqq a+5$ について，p が q であるための十分条件になるように，定数 a の値の範囲を定めよ。

解　　p，q を満たす集合をそれぞれ P，Q とする。

p が q であるための十分条件になるためには，$P \subset Q$ となればよい。

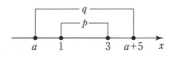

上の図より　$a \leqq 1$ かつ $3 \leqq a+5$　　　◎ 不等式の包含関係は数直線上に図示して考える

よって　　　$-2 \leqq a \leqq 1$

エクセル　命題「$p \Longrightarrow q$」が真 $\Longleftrightarrow$ 集合の包含関係は $P \subset Q$

A

*90 次の命題の真偽を調べよ。ただし，文字はすべて実数とする。

(1) $x^2=5x$ ならば $x=5$ である。　(2) $x^2>4$ ならば $x>2$ である。

(3) x, y が無理数ならば $x+y$ は無理数である。

91 次の条件 p, q について，p は q であるための必要条件，十分条件，必要十分条件のどの条件にあたるか。ただし，a, b はすべて実数とする。◁例題38

*(1) $p：a=b$　　　　　　　　　　$q：a^2=b^2$

(2) $p：a^2>3a$　　　　　　　　　$q：a>3$

(3) $p：a=2$ または $b=-1$　　　$q：(a-2)(b+1)=0$

*(4) $p：a>b$ かつ $c>d$　　　　$q：a+c>b+d$

*(5) $p：ab$ は整数　　　　　　　$q：a$ と b はともに整数

(6) $p：\triangle ABC$ の $\angle A$ は鈍角　$q：\triangle ABC$ は鈍角三角形

92 次の条件 p, q について，p が q であるための十分条件になるように，定数 a の値の範囲を定めよ。◁例題39

(1) $p：-1\leqq x\leqq 4$　　$q：x\leqq a$　　(2) $p：a\leqq x\leqq a+3$　　$q：x^2<16$

B

*93 次の □ の中に，必要，十分，必要十分のうち最も適するものを入れ，いずれでもない場合は×印をつけよ。ただし，文字はすべて実数とする。◁例題38

(1) p, q が有理数であることは，pq が有理数であるための □ 条件

(2) $AB=AC$ は $\triangle ABC$ が正三角形であるための □ 条件

(3) $a+b>0$ は $ab>0$ であるための □ 条件

(4) $x>1$ かつ $y>1$ は $x+y>2$ かつ $xy>1$ であるための □ 条件

(5) $|a-b|<1$ は $a-1<b<a+1$ であるための □ 条件

94 $p：x^2-5ax+4a^2<0$, $q：x^2-3x+2<0$ について，p が q であるための必要条件になるように，定数 a の値の範囲を定めよ。ただし，$a>0$ とする。◁例題39

ヒント 92 $p\Longrightarrow q$ が真，すなわち $P\subset Q$ となるように，a の値の範囲を定める。

94 $q\Longrightarrow p$ が真，すなわち $P\supset Q$ となるように，a の値の範囲を定める。

14 命題と証明

例題 40 否定 類95

次の条件の否定を述べよ。

(1) $x+y>0$ かつ $xy>0$ (2) x, y はともに 0 である。

(3) すべての実数 x について $x^2 \geq 0$ (4) ある自然数 n について $3n+2$ は奇数

解 (1) $x+y \leq 0$ または $xy \leq 0$

    (2) x, y の少なくとも一方は 0 でない。

    (3) ある実数 x について $x^2 < 0$

    (4) すべての自然数 n について $3n+2$ は偶数

条件の否定
$\overline{p \text{ かつ } q} \iff \bar{p}$ または $\bar{q}$
$\overline{p \text{ または } q} \iff \bar{p}$ かつ $\bar{q}$

エクセル 「p, q はともに…である」 ⇐ 否定 ⇒ 「p, q の少なくとも一方は…でない」

「すべての p について…である」 ⇐ 否定 ⇒ 「ある p について…でない」

例題 41 逆・裏・対偶 類96

命題「$x+y \neq 0 \implies x \neq 0$ または $y \neq 0$」の逆，裏，対偶を述べ，それらの真偽を調べよ。また，もとの命題の真偽も調べよ。

解 逆：$x \neq 0$ または $y \neq 0 \implies x+y \neq 0$

    偽（反例：$x=1$, $y=-1$）

    裏：$x+y=0 \implies x=0$ かつ $y=0$

    偽（反例：$x=1$, $y=-1$）

    対偶：$x=0$ かつ $y=0 \implies x+y=0$

    真 対偶が真であるから，もとの命題は真である。

エクセル 命題とその対偶 ➡ 真偽は一致する

例題 42 間接証明法（対偶を用いた証明・背理法） 類97,99

命題「$x+y>4$ ならば，$x>2$ または $y>2$」を証明せよ。

証明 1（対偶を用いた証明）

    この命題の対偶は   ◉ 直接証明するのが難しいときは対偶を考えてみる

    「$x \leq 2$ かつ $y \leq 2$ ならば，$x+y \leq 4$」

    $x \leq 2$ と $y \leq 2$ の辺々を加えると $x+y \leq 4$

    よって，対偶が真であるから，もとの命題も真である。**終**

証明 2（背理法を用いた証明）   ◉ 結論：「$x>2$ または $y>2$」に対する

    $x \leq 2$ かつ $y \leq 2$ と仮定する。   否定：「$x \leq 2$ かつ $y \leq 2$」

    $x \leq 2$ と $y \leq 2$ の辺々を加えると $x+y \leq 4$ となり，   が，矛盾することを示す

    $x+y>4$ と矛盾する。よって，命題は真である。**終**

A

*95 次の条件の否定を述べよ。　　　　　　　　　　　　　　　↩例題40

(1) $x=0$ または $y=0$　　(2) x, y, z の少なくとも1つは負の数である。

(3) $-3 \leq x \leq 5$　　　　(4) $x<-2$ または $4<x$

96 次の命題の逆，裏，対偶を述べ，それらの真偽を調べよ。また，もとの命題
の真偽も調べよ。ただし，x, y は実数，n は整数とする。　　↩例題41

(1) n は4の倍数 $\Longrightarrow$ n は2の倍数　　　(2) $x \neq 3 \Longrightarrow x^2-x-6 \neq 0$

(3) $x+y>0 \Longrightarrow x>0$ かつ $y>0$

*97 x, y は実数，m, n は整数とする。対偶を用いて，次の命題を証明せよ。

(1) $(x-1)(y-2)=0$ ならば，$x=1$ または $y=2$　　↩例題42

(2) $x^2+y^2 \leq 2$ ならば，$x \leq 1$ または $y \leq 1$

(3) mn が偶数ならば，m, n の少なくとも一方は偶数である。

B

98 次の命題の否定を述べよ。また，もとの命題とその否定の真偽を調べよ。

*(1) すべての実数 x について，$x^2-4x+3>0$

(2) ある自然数 n について，$\dfrac{n+6}{n+1}$ は自然数である。

99 背理法を用いて，次の命題を証明せよ。　　　　　　　　　↩例題42

(1) $x+y=1$ ならば，$x>0$ または $y>0$ である。

*(2) a, b は実数のとき，$a^2>bc$ かつ $ac>b^2$ ならば，$a \neq b$ である。

(3) p, q が有理数，X が無理数のとき，$p+qX=0$ ならば，$p=q=0$ である。

*100 整数 a, b, c が $a^2+b^2=c^2$ を満たすとき，a, b, c のうち少なくとも
1つは偶数であることを証明せよ。

101 次の等式を満たす有理数 p, q を求めよ。

(1) $(2p+q)+(q-8)\sqrt{2}=0$　　(2) $(1+p\sqrt{3})^2=q-4\sqrt{3}$

ヒント　99　(3) まず，$q \neq 0$ と仮定して矛盾を導いて，$q=0$ を示す。

　　　100　背理法により，a, b, c のすべてが奇数と仮定して矛盾を導く。

　　　101　99(3)を利用する。

15 関数とグラフ

例題 43　関数の値　　　　　　　　　　　　　　　　　圏103,106

関数 $f(x)=2x^2-3x-1$ において，次の値を求めよ。

(1)　$f(-2)$　　　　　　　　　　　　　　(2)　$f(a+1)$

解　(1)　$f(-2)=2\cdot(-2)^2-3\cdot(-2)-1=\mathbf{13}$

(2)　$f(\boxed{a+1})=2(\boxed{a+1})^2-3(\boxed{a+1})-1$　　◯ x に $a+1$ を代入
$$=2a^2+a-2$$

エクセル　$f(\ \ )$ は $f(x)$ の x に ◯ を代入

例題 44　1次関数のグラフと最大値・最小値　　　　　圏105

次の関数に最大値，最小値があればそれを求めよ。
$$y=-2x+2\ \ (-2\le x<1)$$

解　この1次関数のグラフは，右の図の
実線部分であるから，値域は
　　$0<y\le 6$
よって
　　$x=-2$ のとき　最大値 6
　　　　　　　　最小値はない。◯ $y=0$ とはならないため，
　　　　　　　　　　　　　　　最小値は定まらない

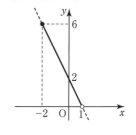

エクセル　値域，最大値・最小値はグラフをかいて求める

例題 45　1次関数の決定　　　　　　　　　　　　　　圏107

$a>0$ のとき，1次関数 $y=ax+2$ $(-1\le x\le 3)$ の値域が $1\le y\le b$ である。
定数 a，b の値を求めよ。

解　$a>0$ のとき，$y=ax+2$ のグラフは
右上がりの直線となるから
　　$x=-1$ のとき　$y=1$　より
　　　$1=-a+2$　…①
　　$x=3$ のとき　$y=b$　より
　　　$b=3a+2$　…②
　　①，②を解いて　$a=1$，$b=5$ （$a>0$ を満たす）

定義域・値域

（グラフ：$y=f(x)$，値域 $c \le y \le d$，定義域 $a \le x \le b$）

エクセル　1次関数 $y=ax+b$ のグラフ　➡ $\begin{cases} a>0 \text{ のとき　右上がりの直線} \\ a<0 \text{ のとき　右下がりの直線} \end{cases}$

34

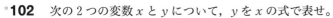

A

102 次の 2 つの変数 x と y について，y を x の式で表せ。

(1) 半径が x の円の円周の長さ y

(2) 周の長さが x の正方形の面積 y

(3) 1 辺の長さが x の正三角形の面積 y

(4) 面積が 1 である長方形の縦の長さが x，横の長さが y

103 関数 $f(x)=3x^2-2x+1$ において，次の値を求めよ。　↵ 例題43

(1) $f(-1)$　　　(2) $f(0)$　　　(3) $f\left(\dfrac{1}{3}\right)$　　　(4) $f\left(-\dfrac{3}{2}\right)$

104 点 $(a,\ b)$ が第 1 象限にあるとき，次の点はどの象限にあるかをいえ。

(1) $(a,\ -b)$　　(2) $(-a,\ -b)$　　(3) $(-a,\ b)$　　(4) $(-b,\ a)$

105 （　）内の定義域における次の各関数のグラフをかき，それぞれの値域を求めよ。また，最大値，最小値があれば，それを求めよ。　↵ 例題44

(1) $y=2x+1 \ (-1\leqq x\leqq 3)$　　　　*(2) $y=-2x^2 \ (-3\leqq x\leqq 2)$

*(3) $y=-\dfrac{1}{2}x+2 \ (-2<x\leqq 1)$　　(4) $y=-\dfrac{1}{x} \ (1<x<5)$

(5) $y=-x+1 \ (x\geqq -1)$　　　　*(6) $y=3x-2 \ (x<4)$

106 関数 $f(x)=x^2-5x+3$ において，次の値を求めよ。　↵ 例題43

(1) $f(2a)$　　　(2) $f(a-1)$　　　(3) $f(2a-1)-f(a+2)$

107 次の条件を満たすように，定数 a，b の値を求めよ。　↵ 例題45

(1) 関数 $y=2x+a \ (-1\leqq x\leqq 2)$ の値域が $-4\leqq y\leqq b$ である。

*(2) 関数 $y=ax-3 \ (-3\leqq x\leqq 4)$ の値域が $b\leqq y\leqq 6$ である。

　　ただし，$a<0$ とする。

(3) 関数 $y=ax+b \ (1\leqq x\leqq 3)$ の値域が $0\leqq y\leqq 1$ である。

　　ただし，$a\neq 0$ とする。

ヒント **107** (3) (i) $a>0$ のとき，(ii) $a<0$ のときで場合分けして考える。

16 2次関数のグラフ

2次関数のグラフ 類**108,109,110,112**

次の2次関数のグラフの軸と頂点を求め，そのグラフをかけ。

(1) $y=-(x+1)^2+2$ 　　　　(2) $y=2x^2-4x-1$

解 (1) 軸は　直線 $x=-1$

　　　頂点は　点 $(-1, 2)$

　　(2) $y=2x^2-4x-1$

　　　　$=2(x^2-2x)-1$

　　　　$=2\{(x-1)^2-1\}-1$

　　　よって　$y=2(x-1)^2-3$

　　　軸は　直線 $x=1$

　　　頂点は　点 $(1, -3)$

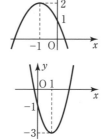

> **$y=a(x-p)^2+q$ のグラフ**
>
> [1] $y=ax^2$ のグラフを x 軸方向に p，y 軸方向に q だけ平行移動したもの
>
> [2] 軸は　直線 $x=p$
> 　　頂点は　点 (p, q)
>
> [3] $a>0$ のとき，
> 　　下に凸の放物線
> 　　$a<0$ のとき，
> 　　上に凸の放物線

エクセル 2次関数のグラフ ➡ $y=a(x-p)^2+q$ の形に平方完成

平行移動・対称移動 類**113**

2次関数 $y=-x^2-4x-5$ のグラフを次のように移動した放物線をグラフとする2次関数を求めよ。

(1) x 軸方向に 3，y 軸方向に 4 だけ平行移動　　(2) x 軸に関して対称移動

解 (1) $y=-x^2-4x-5=-(x+2)^2-1$ …①

　　　放物線①のグラフの頂点は $(-2, -1)$ である。

　　　これを x 軸方向に 3，y 軸方向に 4 だけ平行移動

　　　したグラフの頂点は $(1, 3)$ であるから

　　　　$y=-(x-1)^2+3$

　　　よって　$y=-x^2+2x+2$ 　　　…②

　　(2) 放物線①を，x 軸に関して対称移動すると，

　　　頂点が $(-2, 1)$ で，下に凸の放物線となるから

　　　　$y=(x+2)^2+1$

　　　よって　$y=x^2+4x+5$ 　　　…③

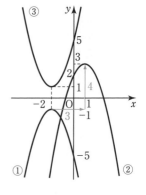

別解 (1) x を $x-3$，y を $y-4$ と置き換えて

　　　　$y-4=-(x-3)^2-4(x-3)-5$

　　(2) y を $-y$ と置き換えて

　　　　$-y=-x^2-4x-5$

◇ 放物線 $y=ax^2+bx+c$ を
　x 軸方向に p，y 軸方向に q
　だけ平行移動した放物線は
　$x\to x-p$，$y\to y-q$ として
　$y-q=a(x-p)^2+b(x-p)+c$

エクセル 2次関数のグラフの平行移動・対称移動 ➡ 頂点の移動を考える

■ 次の2次関数のグラフの軸と頂点を求め，そのグラフをかけ。〔**108〜110**〕

↩ 例題46

108 (1) $y=2x^2-1$ *(2) $y=-x^2+2$ (3) $y=-2x^2-3$

109 *(1) $y=(x-3)^2$ (2) $y=2(x+1)^2$ *(3) $y=-(x+2)^2$

110 (1) $y=(x-1)^2+3$ *(2) $y=2(x+1)^2-3$

     *(3) $y=-(x-2)^2-1$ (4) $y=-3(x+2)^2+1$

111 次の2次式を平方完成せよ。

    (1) x^2+4x+2 *(2) $3x^2-6x+7$

   *(3) $-2x^2-4x-1$ (4) $-3x^2+4x-1$

112 次の2次関数のグラフの軸と頂点を求め，そのグラフをかけ。   ↩ 例題46

   *(1) $y=x^2-6x+7$ *(2) $y=-x^2+2x+2$

   (3) $y=-2x^2+4x-5$ *(4) $y=\dfrac{1}{2}x^2-4x+8$

   (5) $y=(x+2)(x-1)$ *(6) $y=-2x^2+3x+1$

*113 2次関数 $y=3x^2+6x+1$ のグラフを次のように移動した放物線をグラフとする2次関数を求めよ。

↩ 例題47

(1) x 軸方向に -2，y 軸方向に 1 だけ平行移動

(2) x 軸に関して対称移動   (3) y 軸に関して対称移動

(4) 原点に関して対称移動   (5) 直線 $x=1$ に関して対称移動

114 放物線 $y=2x^2-x-1$ を平行移動して，頂点が $(2,\ 3)$ になったときの放物線の方程式を求めよ。また，どのように平行移動したか答えよ。

*115 ある放物線を，x 軸方向に 1，y 軸方向に 3 だけ平行移動し，さらに x 軸に関して対称移動したところ，放物線 $y=x^2-4x+2$ となった。もとの放物線の方程式を求めよ。

ヒント **115** $y=x^2-4x+2$ から逆の移動を考える。

17 2次関数の最大・最小(1)

例題 48 **2次関数の最大・最小** 類116

2次関数 $y=x^2-3x+1$ に最大値，最小値があれば，それを求めよ。

解 $y=x^2-3x+1=\left(x-\dfrac{3}{2}\right)^2-\dfrac{9}{4}+1$

$\qquad =\left(x-\dfrac{3}{2}\right)^2-\dfrac{5}{4}$

よって

$\qquad x=\dfrac{3}{2}$ のとき最小値 $-\dfrac{5}{4}$，最大値はない。

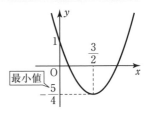

例題 49 **定義域に制限がある場合の最大・最小** 類117,118

2次関数 $y=-2x^2+4x+1$ $(-1\leqq x\leqq 2)$ の最大値，最小値を求めよ。

解 $y=-2x^2+4x+1$

$\qquad =-2(x^2-2x)+1$ ◔ -2 でくくる

$\qquad =-2\{(x-1)^2-1\}+1$ ◔ $(\ )$内を平方完成

$\qquad =-2(x-1)^2+3$ ◔ $\{\ \}$ をはずす

右のグラフより

$\qquad x=1$ のとき 最大値 **3**

$\qquad x=-1$ のとき 最小値 **-5**

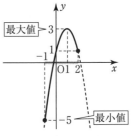

エクセル 定義域に制限がある最大・最小 ➡ グラフをかき，頂点と定義域の両端の値を調べる

例題 50 **軸の位置と最大・最小** 類120

2次関数 $y=x^2-4x+a$ $(-1\leqq x\leqq 4)$ の最大値が 8 となるように，定数 a の値を定めよ。

解 $y=x^2-4x+a$ を変形すると

$\qquad y=(x-2)^2+a-4$

右の図より，軸が直線 $x=2$ であるから，

$x=-1$ のとき最大値をとる。

$x=-1$ のとき

$\qquad y=(-1)^2-4\cdot(-1)+a=a+5$

$a+5=8$ より **$a=3$**

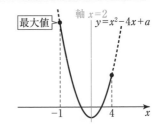

エクセル 最大・最小をとる x の値

➡ 放物線の軸が，定義域の中央より右にあるか，左にあるかで見定める

116 次の 2 次関数の最大値，最小値があれば，それを求めよ。 ↩ 例題48

(1) $y=2(x+1)^2+3$ *(2) $y=-3x^2-4$

(3) $y=-x^2+2x-3$ *(4) $y=2x^2-8x+5$

(5) $y=4(x-1)(x+2)$ *(6) $y=-\dfrac{1}{2}x^2+2x+1$

117 次の 2 次関数の最大値，最小値を求めよ。 ↩ 例題49

*(1) $y=x^2-4x+3 \ (1\leq x\leq 5)$ (2) $y=-x^2-2x+2 \ (-3\leq x\leq 0)$

*(3) $y=x(6-x) \ (0\leq x\leq 2)$ (4) $y=2x^2+8x+3 \ (-3\leq x\leq -1)$

118 次の 2 次関数に最大値，最小値があれば，それを求めよ。 ↩ 例題49

*(1) $y=2x^2+4x-1 \ (-2\leq x<1)$ *(2) $y=-x^2+6x-5 \ (1<x\leq 4)$

(3) $y=x^2-3x \ (-1<x<3)$ (4) $y=-x^2-4x+1 \ (x>-3)$

119 x の 2 次関数が次の条件を満たすように，定数 a の値を定めよ。

(1) $y=-x^2+2x+a$ の最大値が 3 である。

*(2) $y=a(x+1)^2-a^2+a+1$ の最小値が -5 である。

120 x の 2 次関数が次の条件を満たすように，定数 a の値を定めよ。 ↩ 例題50

*(1) $y=x^2-2x+a \ (-1\leq x\leq 2)$ の最大値が 3 である。

(2) $y=-x^2+4x+a \ (1\leq x\leq 4)$ の最小値が -2 である。

121 x の 2 次関数が次の条件を満たすように，定数 a, b の値を求めよ。

(1) $0<a<2$ のとき，$y=x^2-2ax \ (0\leq x\leq 4)$ の最大値が 8 である。

*(2) $a<0$ のとき，$y=ax^2+2ax+b \ (-4\leq x\leq 1)$ の最大値が 5，最小値が -13 である。

***122** a は定数とし，2 次関数 $y=2x^2-4ax+2a$ の最小値を m とする。

(1) m は a の関数である。m を a の式で表せ。

(2) a の関数 m の最大値とそのときの a の値を求めよ。

ヒント　**122** (2) a の 2 次関数とみて平方完成する。

18 2次関数の最大・最小 (2)

例題 51　定義域が変化する場合の最大・最小 (1)　[図]123,126

$a>0$ のとき，2次関数 $y=x^2-2x-1$ $(0 \leqq x \leqq a)$ の最大値を求めよ。

解　$y=x^2-2x-1=(x-1)^2-2$ より，グラフは右の図のようになる。

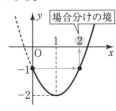

$x=0$ のとき　$y=-1$ であるから，

$y=-1$ となる x の値を求めると

$x^2-2x-1=-1$

$x(x-2)=0$ より　$x=0,\ 2$

よって　$a=2$ を境にして場合分けする。

(ⅰ) $0<a<2$ のとき　　(ⅱ) $a=2$ のとき　　(ⅲ) $2<a$ のとき

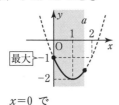

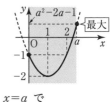

$x=0$ で　　　　　　$x=0,\ 2$ で　　　　　$x=a$ で

最大値 -1　　　　　最大値 -1　　　　　最大値 a^2-2a-1

エクセル　定義域が変化する場合の最大・最小 ➡ 両端の値，頂点に注目する

例題 52　最大・最小の応用問題　[図]124,125,127

右の図のように，直線 $y=-\dfrac{1}{2}x+5$ 上に点 P をとり，長方形 OAPB を作る。このとき，長方形の面積 S の最大値を求めよ。

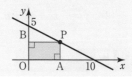

解　点 P の座標を $\mathrm{P}\left(t,\ -\dfrac{1}{2}t+5\right)$ とおく。$(0<t<10)$

$\mathrm{OA}=t,\ \mathrm{OB}=-\dfrac{1}{2}t+5$ と表せるので

$S=\mathrm{OA}\cdot\mathrm{OB}=t\left(-\dfrac{1}{2}t+5\right)$

$=-\dfrac{1}{2}t^2+5t=-\dfrac{1}{2}(t-5)^2+\dfrac{25}{2}$

よって，$t=5$ のとき　S の最大値は $\dfrac{25}{2}$

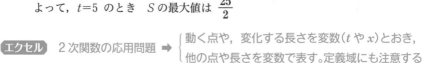

エクセル　2次関数の応用問題 ➡ { 動く点や，変化する長さを変数 (t や x) とおき，他の点や長さを変数で表す。定義域にも注意する

A

123 2次関数 $y=x^2-4x+3$ $(0\leqq x\leqq a)$ について，次の問いに答えよ。

↳例題51

(1) 次の各場合について，最小値を求めよ。

(ⅰ) $0<a<2$　　　　(ⅱ) $2\leqq a$

(2) 次の各場合について，最大値を求めよ。

(ⅰ) $0<a<4$　　　　(ⅱ) $a=4$　　　　(ⅲ) $4<a$

124 右の図のように

AB=10(cm)，BC=15(cm)，∠B=90°

の △ABC がある。点 P は，点 A を出発して秒

速 2 cm の速さで点 B まで，点 Q は，点 P と同時

に点 B を出発して秒速 3 cm の速さで点 C まで

進む。このとき，△PBQ の面積 S が最大となる

のは，出発して何秒後か。また，その最大値を求

めよ。

↳例題52

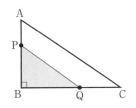

125 AC=6，BC=8，∠C=90° である △ABC に，

右の図のように内接する長方形 DCEF を作る。

このとき，長方形の面積 S の最大値を求めよ。

↳例題52

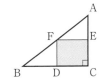

B

126 $a>0$ のとき，2次関数 $y=-x^2+6x-4$ $(0\leqq x\leqq a)$ について，次の問い

に答えよ。

↳例題51

(1) 最大値を求めよ。　　　　(2) 最小値を求めよ。

127 放物線 $y=10x-x^2$（ただし $y>0$）上に 2 つの

頂点をもち，他の 2 つの頂点が x 軸上にある右の図

のような長方形 ABCD を考える。

↳例題52

(1) 点 A$(t,\ 0)$ とおくとき，t のとりうる値の範囲

を求めよ。

(2) 点 B および点 D の座標を求めよ。

(3) 周の長さを l とするとき，l を t で表せ。また，l の最大値を求めよ。

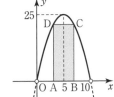

ヒント **125** FE=DC=x とおき，AE：AC=FE：BC を利用する。

2次関数の最大・最小(3)

グラフ（軸の位置）が変化する場合の最大・最小

2次関数 $y=-x^2+2ax$ $(0\leqq x\leqq 1)$ の最大値を求めよ。

解 $y=-x^2+2ax=-(x-a)^2+a^2$ より

グラフは $x=a$ を軸とする上に凸の放物線である。

（i） $a<0$ のとき　　　　（ii） $0\leqq a\leqq 1$ のとき　　　　（iii） $1<a$ のとき

軸が定義域の左外にある　　軸が定義域の中にある　　軸が定義域の右外にある

$x=0$ で
最大値 0

$x=a$ で
最大値 a^2

$x=1$ で
最大値 $2a-1$

エクセル グラフが変化する場合の最大・最小
（上に凸の放物線）
→ 軸が定義域の $\begin{cases}(i)左外\\(ii)中\\(iii)右外\end{cases}$ で場合分け

---

*128 2次関数 $y=x^2-2ax+2$ $(0\leqq x\leqq 2)$ の最小値を，次の各場合について求めよ。

(1) $a<0$　　　　　(2) $0\leqq a\leqq 2$　　　　　(3) $2<a$

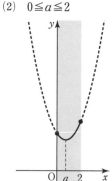
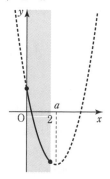

*129 2次関数 $y=-x^2+2ax+1$ $(-1\leqq x\leqq 2)$ の最大値，最小値を求めよ。

2 次関数 $y=x^2-4x+5$ $(a\leqq x\leqq a+1)$ の最小値を求めよ。

解　$y=x^2-4x+5=(x-2)^2+1$ より

グラフは $x=2$ を軸とする下に凸の放物線である。

(i)　$a+1<2$

すなわち $a<1$ のとき

軸が定義域の右外にある

(ii)　$a\leqq 2\leqq a+1$

すなわち $1\leqq a\leqq 2$ のとき

軸が定義域の中にある

(iii)　$2<a$ のとき

すなわち

軸が定義域の左外にある

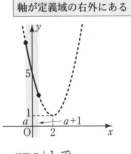

$x=a+1$ で

最小値 a^2-2a+2

$x=2$ で

最小値 **1**

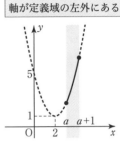

$x=a$ で

最小値 a^2-4a+5

エクセル　定義域が変化する場合の最大・最小
（下に凸の放物線）　➡　軸が定義域の $\begin{cases}(\text{i})右外\\(\text{ii})\ 中\\(\text{iii})左外\end{cases}$ で場合分け

***130**　2 次関数 $y=-x^2+2x+2$ $(a\leqq x\leqq a+1)$ の最大値を，次の各場合について求めよ。

(1)　$a<0$

(2)　$0\leqq a\leqq 1$

(3)　$1<a$

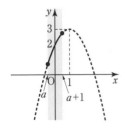

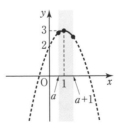

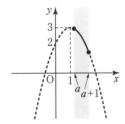

131　2 次関数 $y=-x^2+4x$ $(a\leqq x\leqq a+1)$ について，次の問いに答えよ。

*(1)　最大値 $M(a)$ を求め，$y=M(a)$ のグラフをかけ。

(2)　最小値 $m(a)$ を求め，$y=m(a)$ のグラフをかけ。

2次関数の最大・最小(4)

条件つきの最大・最小

$2x+y=3$ のとき，x^2+y^2 の最小値を求めよ。

解 $2x+y=3$ より $y=3-2x$ …①

$z=x^2+y^2$ とおくと

$z=x^2+(\boxed{3-2x})^2$ ◯ y を消去して x だけの関数にする

$=5x^2-12x+9=5\left(x-\dfrac{6}{5}\right)^2+\dfrac{9}{5}$

よって $x=\dfrac{6}{5}$ のとき最小となる。

$x=\dfrac{6}{5}$ を①に代入して $y=\dfrac{3}{5}$

ゆえに $x=\dfrac{6}{5}$，$y=\dfrac{3}{5}$ のとき 最小値 $\dfrac{9}{5}$

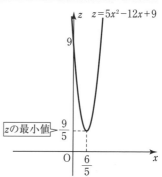

z の最小値 $\dfrac{9}{5}$

エクセル 条件つきの最大・最小 ➡ 条件式より変数を消去して，1変数にする

132 次の最大値，最小値，およびそのときの x，y の値を求めよ。

*(1) $x+y=2$ のとき，x^2+y^2 の最小値

(2) $x^2+y=1$ のとき，$6x+y$ の最大値

*133 $2x+y=4$，$x\geqq0$，$y\geqq0$ のとき，x^2+y^2 の最大値，最小値，およびそのときの x，y の値を求めよ。

置き換えによる最大・最小

関数 $y=(x^2-2x)^2+4(x^2-2x)-2$ の最小値を求めよ。

解 $t=x^2-2x$ とおくと $t=(x-1)^2-1$

右のグラフより $t\geqq-1$ …①

このとき $y=t^2+4t-2$ ◯ t の2次関数

$=(t+2)^2-6$ となり，

①の範囲でグラフをかくと，右の図のようになる。

よって $t=-1$ のとき 最小となる。

このとき $x^2-2x=-1$ より $(x-1)^2=0$ ゆえに $x=1$

したがって $x=1$ のとき 最小値 -5

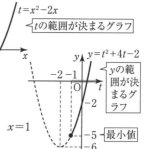

$t=x^2-2x$

t の範囲が決まるグラフ

$y=t^2+4t-2$

y の範囲が決まるグラフ

最小値

134 次の関数の最小値を求めよ。

(1) $y=x^4-8x^2+10$

*(2) $y=(x^2+4x)^2+2(x^2+4x)-4$

135 関数 $y=(x^2-2x)^2-4(x^2-2x)$ $(0\leqq x\leqq3)$ の最大値，最小値を求めよ。

実数 x, y を変数とする関数 $z=x^2+5y^2+4xy-6x-10y+8$ の最小値と，そのときの x, y の値を求めよ。

解　$z=x^2+5y^2+4xy-6x-10y+8$

$\quad\quad =x^2+2(2y-3)x+5y^2-10y+8$ ◁ x の2次式とみて，x について整理する

$\quad\quad =(x+2y-3)^2-(2y-3)^2+5y^2-10y+8$ ◁ x について平方完成する

$\quad\quad =(x+2y-3)^2+\underline{y^2+2y-1}$

$\quad\quad =(x+2y-3)^2+(y+1)^2-2$ ◁ 次に，y について平方完成する

x, y は実数より $(x+2y-3)^2\geqq0$, $(y+1)^2\geqq0$ であるから，

z は $x+2y-3=0$ かつ $y+1=0$ のとき最小となる。

よって　**$x=5$, $y=-1$ のとき　最小値 -2**

136　実数 x, y を変数とする次の関数の最小値と，そのときの x, y の値を求めよ。

(1)　$z=x^2+y^2+2x-4y-1$ 　　*(2)　$z=x^2+10y^2-6xy-2x+8y+13$

2次関数 $y=ax^2+bx+c$ のグラフが右の図のようになっているとき，次の値は，正，負，0のいずれであるか求めよ。

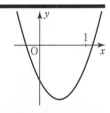

(1)　b　　(2)　c　　(3)　b^2-4ac　　(4)　$a+b+c$

解　(1)　$y=ax^2+bx+c=a\left(x+\dfrac{b}{2a}\right)^2-\dfrac{b^2-4ac}{4a}$

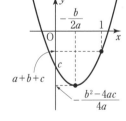

$\quad\quad$であるから，軸は $x=-\dfrac{b}{2a}>0$

$\quad\quad$グラフが下に凸なので $a>0$　　よって $b<0$

$\quad$(2)　y 軸との交点が $(0,\ c)$ なので $c<0$

$\quad$(3)　頂点の y 座標が $-\dfrac{b^2-4ac}{4a}<0$ より

$\quad\quad a>0$ であるから $b^2-4ac>0$

$\quad$(4)　$x=1$ のとき $y=a+b+c$ なので $a+b+c<0$

---

*$\mathbf{137}$　2次関数 $y=ax^2+bx+c$ のグラフが右の図のようになっているとき，次の値は，正，負，0のいずれであるか求めよ。

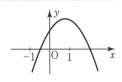

(1)　a　　　　(2)　b　　　　(3)　c

(4)　b^2-4ac　(5)　$a+b+c$　(6)　$a-b+c$

21 2次関数の決定

例題 59 **頂点や軸に関する条件が与えられたとき** 題**138**

グラフが次の条件を満たす2次関数を求めよ。

(1) 頂点が点 $(2, 1)$ で，点 $(3, 4)$ を通る。

(2) 軸が直線 $x=-1$ で，点 $(-2, 0)$，$(1, -6)$ を通る。

解 (1) 頂点が点 $(2, 1)$ であるから，求める2次関数は

$y=a(x-2)^2+1 \ (a\neq0)$ とおける。

グラフが点 $(3, 4)$ を通るから

$4=a(3-2)^2+1$ より $a=3$

よって $\boldsymbol{y=3(x-2)^2+1}$

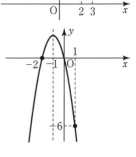

(2) 軸が直線 $x=-1$ であるから，求める2次関数は

$y=a(x+1)^2+q \ (a\neq0)$ とおける。

点 $(-2, 0)$ を通るから $0=a+q$ …①

点 $(1, -6)$ を通るから $-6=4a+q$ …②

②－①より $3a=-6$ すなわち $a=-2$

①に代入して $q=2$

よって $\boldsymbol{y=-2(x+1)^2+2}$

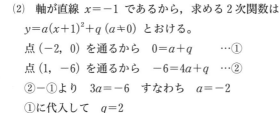

エクセル 頂点や軸が与えられた2次関数 ➡ $y=a(x-p)^2+q$ とおく

例題 60 **グラフ上の3点が与えられたとき** 題**139**

2次関数のグラフが3点 $(1, -3), (3, -1), (4, 3)$ を通るとき，その2次関数を求めよ。

解 求める2次関数を $y=ax^2+bx+c \ (a\neq0)$ とおく。

このグラフが3点 $(1, -3), (3, -1), (4, 3)$ を通るから

$$\begin{cases} a+b+c=-3 & \cdots① \\ 9a+3b+c=-1 & \cdots② \\ 16a+4b+c=3 & \cdots③ \end{cases}$$

②－①より $8a+2b=2$ すなわち $4a+b=1$ …④

③－②より $7a+b=4$ …⑤

④，⑤を解いて $a=1, \ b=-3$

これらを①に代入して $c=-1$

よって $\boldsymbol{y=x^2-3x-1}$

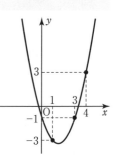

エクセル 3点が与えられた2次関数 ➡ $y=ax^2+bx+c$ とおく

138 グラフが次の条件を満たす 2 次関数を求めよ。　　　　　　　↩ 例題59

*(1) 頂点が点 $(3, -1)$ で，点 $(0, 8)$ を通る。

*(2) x 軸と点 $(2, 0)$ で接し，点 $(1, -2)$ を通る。

(3) 軸が直線 $x=-2$ で，点 $(-1, 0)$，$(-4, 6)$ を通る。

139 グラフが次の条件を満たす 2 次関数を求めよ。　　　　　　　↩ 例題60

(1) 3 点 $(-1, 0)$，$(2, 0)$，$(0, -6)$ を通る。

*(2) 3 点 $(-2, 4)$，$(-1, 5)$，$(1, 1)$ を通る。

(3) 3 点 $(-2, -5)$，$(1, 4)$，$(3, -10)$ を通る。

140 2 つの放物線 $y=3x^2+6x+2$，$y=ax^2+2x+c$ の頂点が一致するように，定数 a，c の値を定めよ。

141 次の条件を満たす 2 次関数を求めよ。

(1) $x=2$ のとき最小値 1 をとり，$x=-1$ のとき $y=4$ である。

*(2) $x=1$ のとき最大値 6 をとり，グラフが点 $(2, 4)$ を通る。

*(3) 最小値が -1 で，グラフが 2 点 $(0, 3)$，$(3, 0)$ を通る。

B

142 $y=2x^2-4x+3$ のグラフを次のように平行移動させたとき，移動後の放物線を表す 2 次関数を求めよ。

(1) 軸が直線 $x=-1$ で，点 $(0, 7)$ を通る。

*(2) 2 点 $(1, -4)$，$(3, 2)$ を通る。

143 グラフが次の条件を満たす 2 次関数を求めよ。

*(1) 放物線 $y=x^2-2x$ と直線 $y=1$ に関して対称である。

(2) 2 点 $(3, -1)$，$(6, -4)$ を通り，x 軸に接している。

*(3) 放物線 $y=-x^2+3x-1$ を平行移動したもので，点 $(2, 3)$ を通り，頂点が直線 $y=x+3$ 上にある。

ヒント **143** (2) $y=a(x-p)^2$ とおける。　(3) 頂点は $(p, p+3)$ とおける。

22 2次方程式と判別式

例題61 2次方程式の解法（因数分解） 題144

2次方程式 $2x^2+5x-3=0$ を解け。

解 $2x^2+5x-3=0$

$(2x-1)(x+3)=0$ ◯ $2x-1=0$ または $x+3=0$

よって $x=\dfrac{1}{2}, \ -3$

$$\begin{array}{rcl} 2 & \diagdown & -1 \to -1 \\ 1 & \diagup & 3 \to 6 \\ \hline 2 & & -3 \quad\ 5 \end{array}$$

エクセル $AB=0 \iff A=0$ または $B=0$

例題62 2次方程式の解法（解の公式） 題145

次の2次方程式を解け。

(1) $x^2-x-1=0$ (2) $5x^2+2x-1=0$

解 (1) $x=\dfrac{-(-1)\pm\sqrt{(-1)^2-4\cdot1\cdot(-1)}}{2\cdot1}$

$\qquad =\dfrac{1\pm\sqrt{5}}{2}$

(2) $x=\dfrac{-1\pm\sqrt{1^2-5\cdot(-1)}}{5}$ ◯ $5x^2+\underset{\substack{\uparrow \\ b'}}{2\cdot1}x-1=0$

$\qquad =\dfrac{-1\pm\sqrt{6}}{5}$

> **2次方程式の解の公式**
>
> [1] $ax^2+bx+c=0$ の解は
> $$x=\dfrac{-b\pm\sqrt{b^2-4ac}}{2a}$$
> [2] $ax^2+2b'x+c=0$ の解は
> $$x=\dfrac{-b'\pm\sqrt{b'^2-ac}}{a}$$

例題63 重解をもつ条件 題149,150

2次方程式 $x^2-(k-3)x+k=0$ が重解をもつように，定数 k の値を定めよ。また，そのときの重解を求めよ。

解 判別式を D とすると

$D=\{-(k-3)\}^2-4\cdot1\cdot k$

$\quad =k^2-10k+9$

$\quad =(k-1)(k-9)$

重解をもつので $D=0$ より

$k=1, \ 9$

$k=1$ のとき $x^2+2x+1=0$

$\qquad\qquad (x+1)^2=0$ より $x=-1$

$k=9$ のとき $x^2-6x+9=0$

$\qquad\qquad (x-3)^2=0$ より $x=3$

> **2次方程式の解の判別**
>
> 2次方程式 $ax^2+bx+c=0$ において $D=b^2-4ac$ を判別式という。
>
> $D>0 \Leftrightarrow$ 異なる2つの 実数解をもつ $\left.\begin{array}{}実数解 \\ をもつ\end{array}\right.$
> $D=0 \Leftrightarrow$ 重解をもつ
> $D<0 \Leftrightarrow$ 実数解をもたない

◯ $x=\dfrac{-b\pm\sqrt{D}}{2a}$ より，$D=0$ のとき

重解は $x=-\dfrac{b}{2a}$ であることを用いて重解を求めてもよい

144 次の2次方程式を解け。 ↩ 例題61

*(1) $3x^2+2x=0$ (2) $x^2+4x-12=0$

*(3) $4x^2-25=0$ *(4) $3x^2-5x-2=0$

*(5) $2x^2-20x+50=0$ (6) $3x(2-3x)=1$

145 次の2次方程式を解け。 ↩ 例題62

(1) $x^2+3x+1=0$ *(2) $x^2-x-3=0$

*(3) $2x^2-4x+1=0$ (4) $-x^2-x+\dfrac{1}{2}=0$

(5) $x^2-2\sqrt{2}\,x-6=0$ *(6) $\sqrt{2}\,x^2-3x+\sqrt{2}=0$

***146** 次の2次方程式の実数解の個数を求めよ。

(1) $x^2-5x+2=0$ (2) $3x^2-x+3=0$ (3) $3x^2-2\sqrt{6}\,x+2=0$

147 次の2次方程式を解け。

*(1) $(x-2)^2-3(x-2)-4=0$ (2) $3(x+3)^2-2(x+3)-1=0$

***148** 2次方程式 $x^2+3x+k+1=0$ について，次の問いに答えよ。

(1) 異なる2つの実数解をもつように，定数 k の値の範囲を定めよ。また，その解を k を用いて表せ。

(2) 重解をもつように定数 k の値を定めよ。また，そのときの重解を求めよ。

149 次の2次方程式が重解をもつように，定数 k の値を定めよ。また，そのときの重解を求めよ。 ↩ 例題63

*(1) $x^2+2(k+1)x+k+3=0$ (2) $kx^2+kx+2=0$

***150** 2次方程式 $x^2-6x+2k+1=0$ の実数解の個数は，定数 k の値によってどのように変わるか調べよ。 ↩ 例題63

151 方程式 $mx^2+2(m+1)x+m-2=0$ が実数解をもつように，定数 m の値の範囲を定めよ。

Step UP 例題 64　1つの解が与えられた2次方程式

2次方程式 $x^2+kx-k^2-1=0$ の1つの解が2であるとき，定数 k の値と，そのときの他の解を求めよ。

解　$x^2+kx-k^2-1=0$ …① とする。

$x=2$ が①の解であるから，①に代入して

$4+2k-k^2-1=0$ より　$k^2-2k-3=0$

$(k-3)(k+1)=0$　よって　$k=3, -1$

（ⅰ）$k=3$ のとき，①は　$x^2+3x-10=0$ より

$(x-2)(x+5)=0$　よって　$x=2, -5$

（ⅱ）$k=-1$ のとき，①は　$x^2-x-2=0$ より

$(x-2)(x+1)=0$　よって　$x=2, -1$

ゆえに，$k=3$ のとき，他の解は -5

$k=-1$ のとき，他の解は -1

◆ $x=\alpha$ が $ax^2+bx+c=0$ の解のとき，$x=\alpha$ を代入すれば $a\alpha^2+b\alpha+c=0$ となる

◆ k のそれぞれの値に対して方程式を解いて解を求める

エクセル　$ax^2+bx+c=0$ の1つの解が $\underline{\alpha}$ ➡ $x=\alpha$ を代入して $a\underline{\alpha}^2+b\underline{\alpha}+c=0$

*152　x についての2次方程式 $x^2-kx+k^2-7=0$ の1つの解が3であるとき，定数 k の値と，そのときの他の解を求めよ。

Step UP 例題 65　1次と2次の連立方程式

連立方程式 $\begin{cases} x+y=1 & \cdots① \\ x^2+y^2=5 & \cdots② \end{cases}$ を解け。

解　①より　$y=1-x$ …③　として②に代入して

$x^2+(1-x)^2=5$ より　$2x^2-2x-4=0$

両辺を2で割って　　$x^2-x-2=0$

因数分解して　　　$(x+1)(x-2)=0$

よって　　　　　　$x=-1, 2$

$x=-1$ のとき，③に代入して $y=2$

$x=2$ のとき，③に代入して $y=-1$

ゆえに　$(x, y)=(-1, 2), (2, -1)$

◆ x か y のどちらかを消去して1つの文字の2次方程式にする

◆ x のそれぞれの値に対して y の値を求める

エクセル　2元2次の連立方程式 ➡ 1文字を消去して，1元2次方程式にする

*153　次の連立方程式を解け。

(1) $\begin{cases} x+y=2 \\ x^2+y^2=20 \end{cases}$　(2) $\begin{cases} x+y=6 \\ xy=5 \end{cases}$　(3) $\begin{cases} 2x-y=1 \\ x^2+xy-y^2=1 \end{cases}$

Step UP 例題 66　2 次方程式の共通解

x についての 2 次方程式 $x^2+x-k=0$, $x^2+3x+k=0$ が共通な解をもつように，定数 k の値を定めよ。また，そのときの共通解を求めよ。

解　共通な解を α とし，方程式に代入する。

$\alpha^2+\alpha-k=0$ …①　　$\alpha^2+3\alpha+k=0$ …②

①+②より　$\alpha^2+\alpha+\alpha^2+3\alpha=0$

$$\alpha(\alpha+2)=0$$

よって　$\alpha=0$, -2

(i)　$\alpha=0$ のとき，①に代入して　$k=0$

(ii)　$\alpha=-2$ のとき，①に代入して　$k=2$

ゆえに，**$k=0$ のとき，共通解 0**

　　　　$k=2$ のとき，共通解 -2

別解　②−①より　$2\alpha+2k=0$　すなわち　$k=-\alpha$

①に代入して　$\alpha^2+\alpha-(-\alpha)=0$

よって　$\alpha=0$, -2　（以下同様）

◉ 共通な解を α とおいて，方程式に代入し，α と k の連立方程式を作る

◉ k を消去して α だけの式にする

◉ $k=0$ のとき
$\begin{cases} x^2+x=0 \rightarrow x=0, -1 \\ x^2+3x=0 \rightarrow x=0, -3 \end{cases}$
$k=2$ のとき
$\begin{cases} x^2+x-2=0 \rightarrow x=-2, 1 \\ x^2+3x+2=0 \rightarrow x=-2, -1 \end{cases}$

◉ $\alpha^2+\alpha-(-\alpha)=\alpha(\alpha+2)$

エクセル　2 つの方程式の共通解 ➡ 共通解を α とおいて，連立方程式を解く

***154**　2 つの方程式 $x^2+x+k=0$, $x^2+3x+2k=0$ が共通な解をもつように，定数 k の値を定めよ。また，そのときの共通解を求めよ。

Step UP 例題 67　係数に文字を含む 2 次方程式

x についての方程式 $ax^2-(2a+1)x+2=0$ を解け。ただし，a は定数とする。

解　(i)　$a \neq 0$ のとき

$ax^2-(2a+1)x+2=0$

$(ax-1)(x-2)=0$ より

$ax-1=0$ または $x-2=0$

$a \neq 0$ より　$x=\dfrac{1}{a}$, 2

(ii)　$a=0$ のとき

もとの方程式は　$-x+2=0$　よって　$x=2$

ゆえに，**$a \neq 0$ のとき $x=\dfrac{1}{a}$, 2, $a=0$ のとき $x=2$**

◉ たすき掛けによる因数分解
$\begin{array}{ccc} a & \diagdown & -1 \rightarrow -1 \\ 1 & \diagup & -2 \rightarrow -2a \\ \hline & & -2a-1 \end{array}$

◉ x の係数が 0 でないとき，普通に割り算ができる

◉ x の係数が 0 のときは，もとの方程式に $a=0$ を代入して考える

エクセル　係数に文字を含む 2 次方程式 ➡ 係数 $\neq 0$ と 係数 $=0$ に分けて解く

***155**　次の x についての方程式を解け。ただし，a は定数とする。

(1)　$ax^2-(a+3)x+3=0$　　　　(2)　$ax^2+(a^2-2)x-2a=0$

24 2次関数のグラフと2次方程式（1）

● 2次関数のグラフと2次方程式の関係

D の符号	$D=b^2-4ac>0$	$D=b^2-4ac=0$	$D=b^2-4ac<0$
$y=ax^2+bx+c$ のグラフ （$a>0$ のとき）	x 軸と2点で交わる	x 軸と接する	x 軸と共有点なし
$ax^2+bx+c=0$ の 実数解	異なる2つの実数解 $x=\alpha,\ \beta$	重解 $x=\alpha$	実数解をもたない

例題68　2次関数のグラフと x 軸の共有点の座標　　園156

2次関数 $y=x^2-2x-1$ のグラフと x 軸の共有点の座標を求めよ。

解　2次関数のグラフと x 軸の共有点の x 座標は，

　　$y=0$ として，$x^2-2x-1=0$ より

　　　　$x=1\pm\sqrt{2}$ 　　　　◀ $ax^2+2b'x+c=0$ の解は

　　よって，共有点の座標は 　　　　$x=\dfrac{-b'\pm\sqrt{b'^2-ac}}{a}$

　　　　$(1-\sqrt{2},\ 0),\ (1+\sqrt{2},\ 0)$

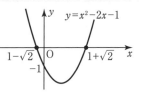

エクセル　2次関数のグラフと x 軸の共有点の座標 ➡ $y=0$ として2次方程式を解く

例題69　2次関数のグラフと x 軸の位置関係　　園158

2次関数 $y=x^2+2mx+2m+3$ のグラフが x 軸と接するように，定数 m の値を定めよ。また，そのときの接点の座標を求めよ。

解　2次方程式 $x^2+2mx+2m+3=0$ の判別式を D とすると

　　　　$\dfrac{D}{4}=m^2-(2m+3)=m^2-2m-3=(m+1)(m-3)$

　　グラフが x 軸と接するのは，$D=0$ より　$m=-1,\ 3$

　　また，$m=-1$ のとき　$y=x^2-2x+1=(x-1)^2$

　　　　　$m=3$ のとき　$y=x^2+6x+9=(x+3)^2$　であるから

　　接点の座標は，$m=-1$ のとき $(1,\ 0)$，$m=3$ のとき $(-3,\ 0)$

グラフがx軸に
接する
⇕
重解
⇕
$D=0$

　　別解　$y=x^2+2mx+2m+3=(x+m)^2-m^2+2m+3$ のグラフが

　　　　x 軸と接するので，（頂点の y 座標）$=0$ より

　　　　　$-m^2+2m+3=0$ すなわち $m^2-2m-3=0$

　　　　$(m+1)(m-3)=0$ 　よって $m=-1,\ 3$ 　　（以下同様）

エクセル　2次関数のグラフが x 軸と接する条件 ➡ 判別式 $D=0$

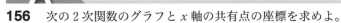

156 次の2次関数のグラフと x 軸の共有点の座標を求めよ。 ↩ 例題68

(1) $y=x^2+x-2$ *(2) $y=x^2-x-3$

*(3) $y=-4x^2-6x+4$ (4) $y=6x^2+6x-3$

*157 次の2次関数のグラフと x 軸の共有点の個数を求めよ。

(1) $y=2x^2-x+1$ (2) $y=3x^2+2x+\dfrac{1}{3}$ (3) $y=-x^2+7x-5$

158 次の2次関数のグラフが x 軸と接するように，定数 m の値を定めよ。また，そのときの接点の座標を求めよ。 ↩ 例題69

(1) $y=x^2+3x+m$ (2) $y=x^2-mx+3$

*(3) $y=-x^2+2(m-1)x-m-5$

*159 2次関数 $y=x^2+x+m+1$ のグラフについて，次のときの定数 m の値の範囲を求めよ。

(1) x 軸と異なる2点で交わる   (2) x 軸と共有点をもたない

160 次の2次関数のグラフと x 軸の共有点の個数は，定数 m の値によってどのように変わるか調べよ。

*(1) $y=-x^2+2x-m+3$ (2) $y=x^2+2(m+1)x+m^2-m+2$

161 2次関数のグラフが次の条件を満たすとき，その2次関数を求めよ。

*(1) x 軸と2点 $(1,\ 0)$，$(4,\ 0)$ で交わり，点 $(3,\ -4)$ を通る。

(2) x 軸と2点 $(-2,\ 0)$，$(5,\ 0)$ で交わり，y 軸と $(0,\ 10)$ で交わる。

B

*162 2次関数 $y=2x^2+4(m+1)x+2m^2+m-1$ のグラフが，x 軸と共有点をもつように，定数 m の値の範囲を定めよ。

*163 2次関数 $y=x^2-2mx+m^2-4$ のグラフは，m の値にかかわらず，x 軸と異なる2点で交わることを示せ。また，そのときの共有点の x 座標を求めよ。

ヒント **162** グラフが x 軸と共有点をもつ $\iff$ $\begin{cases} x\text{軸と異なる2点で交わる} \\ x\text{軸と接する} \end{cases}$

2次関数のグラフと2次方程式(2)

2次関数のグラフが x 軸から切り取る線分の長さ

2次関数 $y=x^2+3x+m$ のグラフが，x 軸から切り取る線分の長さが5であるとき，定数 m の値を求めよ。

解 $x^2+3x+m=0$ を解いて $x=\dfrac{-3\pm\sqrt{9-4m}}{2}$

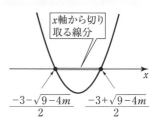

x 軸から切り取る線分の長さが5であるから

$$\dfrac{-3+\sqrt{9-4m}}{2}-\dfrac{-3-\sqrt{9-4m}}{2}=5$$

$$\sqrt{9-4m}=5$$

両辺を2乗して $9-4m=25$ よって $m=-4$

***164** 2次関数 $y=x^2-6x+m$ のグラフについて，次の問いに答えよ。

(1) $m=2$ のとき，グラフが x 軸から切り取る線分の長さを求めよ。

(2) グラフが x 軸から切り取る線分の長さが4であるとき，定数 m の値を求めよ。

2次関数のグラフと x 軸の交点（軸が動かない場合）

2次関数 $y=x^2-4x+m$ のグラフについて，次の問いに答えよ。

(1) x 軸の正の部分と負の部分の2点で交わるように定数 m の値の範囲を定めよ。

(2) x 軸の正の部分と異なる2点で交わるように定数 m の値の範囲を定めよ。

解 $f(x)=x^2-4x+m=(x-2)^2-4+m$ とすると，

$y=f(x)$ のグラフは下に凸の放物線である。

(1)

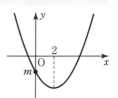

(1) x 軸の正の部分と負の部分で交わるための条件は

$f(0)<0$ よって $m<0$

(2) x 軸の正の部分と異なる2点で交わるための条件は，

軸の位置が $x=2\ (>0)$ より，

$D>0$ かつ $f(0)>0$ である。

(2)

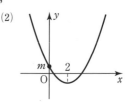

$$\dfrac{D}{4}=4-m>0 \quad より \quad m<4 \quad \cdots①$$

$$f(0)=m>0 \qquad\qquad \cdots②$$

よって，①，②の共通の範囲を求めて $0<m<4$

別解 （頂点の y 座標）<0 かつ $f(0)>0$

よって，$-4+m<0$ かつ $m>0$ より $0<m<4$

*165 2次関数 $y=x^2+6x+2m-1$ のグラフが，次の条件を満たすように定数 m の値の範囲を定めよ。

(1) x 軸の正の部分と負の部分の2点で交わる。

(2) x 軸の $x>2$ の部分に交点を1つだけもつ。

(3) x 軸の負の部分と異なる2点で交わる。

(4) $-6 \leqq x \leqq 1$ の範囲で，つねに $y<0$ となる。

Step UP 例題 72 　|発展|放物線と直線の共有点の個数

放物線 $y=x^2-1$ と直線 $y=2x+m$ の共有点の個数は，定数 m の値によってどのように変わるか調べよ。

解 $\begin{cases} y=x^2-1 & \cdots① \\ y=2x+m & \cdots② \end{cases}$

①を②に代入して $x^2-1=2x+m$ より

$x^2-2x-m-1=0$ …③

③の判別式を D とすると

$$\frac{D}{4}=(-1)^2-1 \cdot (-m-1)=m+2$$

①，②の共有点の個数は，2次方程式③の
実数解の個数と一致するから

$D>0$ すなわち **$m>-2$ のとき　2個**

$D=0$ すなわち **$m=-2$ のとき　1個**

$D<0$ すなわち **$m<-2$ のとき　0個**

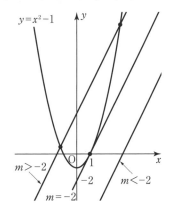

エクセル 放物線 $y=ax^2+bx+c$ と直線 $y=mx+n$ の共有点の個数を求めるには
2次方程式 $ax^2+bx+c=mx+n$ の実数解の個数を調べる

---

*166 放物線 $y=4x-x^2$ と次の直線の共有点の座標を求めよ。

(1) $y=x-4$ 　　　(2) $y=2x+1$ 　　　(3) $y=3x-1$

*167 放物線 $y=1-x^2$ と直線 $y=x+m$ の共有点の個数は，定数 m の値によってどのように変わるか調べよ。

168 放物線 $y=x^2+mx-m$ が，直線 $y=x-1$ に接するように定数 m の値を定めよ。また，そのときの接点の座標を求めよ。

169 放物線 $y=x^2+ax+b$ は，直線 $y=x$ と $y=5x-8$ の両方に接する。このとき，定数 a，b の値を求めよ。

26　2次関数のグラフと2次不等式(1)

● 2次関数のグラフと2次不等式の関係

D の符号	$D=b^2-4ac>0$	$D=b^2-4ac=0$	$D=b^2-4ac<0$
$y=ax^2+bx+c$ のグラフ ($a>0$ のとき)	 x 軸と2点で交わる	x 軸と接する	x 軸と共有点なし
$ax^2+bx+c>0$ の解	$x<\alpha,\ \beta<x$	α 以外のすべての実数	すべての実数
$ax^2+bx+c\geqq0$ の解	$x\leqq\alpha,\ \beta\leqq x$	すべての実数	すべての実数
$ax^2+bx+c<0$ の解	$\alpha<x<\beta$	解はない	解はない
$ax^2+bx+c\leqq0$ の解	$\alpha\leqq x\leqq\beta$	$x=\alpha$	解はない

例題 73　2次不等式の解法（$D>0$ のとき）　類170,171

次の2次不等式を解け。

(1) $x^2-3x+2>0$

(2) $-x^2+2x+5\geqq0$

解　(1)　$(x-1)(x-2)>0$

よって　$x<1,\ 2<x$

(2)　与式の両辺に -1 を掛けて

$x^2-2x-5\leqq0$　◯ x^2 の係数を正にする

$x^2-2x-5=0$ を解くと

$x=1\pm\sqrt{6}$　◯ $x=\dfrac{-b'\pm\sqrt{b'^2-ac}}{a}$

よって，求める解は

$1-\sqrt{6}\leqq x\leqq1+\sqrt{6}$

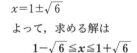

例題 74　2次不等式の解法（$D=0,\ D<0$ のとき）　類172,173

次の2次不等式を解け。

(1) $x^2-6x+9\leqq0$

(2) $x^2-x+1>0$

解　(1)　$(x-3)^2\leqq0$ と変形できるので

$x=3$

(2)　$\left(x-\dfrac{1}{2}\right)^2+\dfrac{3}{4}>0$ と変形でき

るので　すべての実数

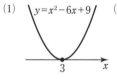
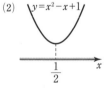

エクセル　$D=0,\ D<0$ のとき ➡ 平方完成して ┌ ・式から判断する
　　　　　　　　　　　　　　　　　　　　　　　└ ・グラフを考える

170 次の 2 次不等式を解け。 ↩ 例題73

*(1) $(x-2)(x+3)<0$

(2) $x(x+1)>0$

*(3) $(5x+1)(2x-3)\geqq0$

(4) $x(2x-3)\leqq0$

(5) $x^2-4x+3\leqq0$

*(6) $x^2-2x-8\geqq0$

(7) $x^2-9<0$

(8) $2x^2-5x+3\leqq0$

(9) $5x^2+4x\geqq0$

*(10) $6x^2-x-1<0$

171 次の 2 次不等式を解け。 ↩ 例題73

*(1) $x^2-x-3<0$

(2) $x^2-4x+2\geqq0$

*(3) $-x^2+3x-1\leqq0$

(4) $-5x^2-2x+1>0$

*172 次の 2 次不等式を解け。 ↩ 例題74

(1) $(2x-3)^2\geqq0$

(2) $x^2+2x+1\leqq0$

(3) $9x^2-6x+1>0$

(4) $-x^2+x-\dfrac{1}{4}>0$

173 次の 2 次不等式を解け。 ↩ 例題74

(1) $(x+1)^2+2>0$

*(2) $x^2-4x+5<0$

*(3) $x^2+x+2\geqq0$

(4) $-x^2+3x-5\geqq0$

174 次の 2 次不等式を解け。

(1) $10x-12<2x^2$

(2) $4x^2<5$

(3) $2(x^2+4)>(x+2)^2$

(4) $(x+1)^2<x$

175 次の不等式を解け。

(1) $\begin{cases} 2x+3\leqq3x+5 \\ x^2+2x-3<0 \end{cases}$

*(2) $\begin{cases} x^2-3x-10<0 \\ x^2-4x\geqq0 \end{cases}$

*(3) $1\leqq x^2\leqq7$

(4) $x^2-4<3x\leqq x^2-2x$

(5) $\begin{cases} x^2-x-6>0 \\ x^2+4x+2>0 \end{cases}$

*(6) $\begin{cases} 30-7x\geqq2x^2 \\ x^2>6-4x \end{cases}$

176 次の 2 次不等式を満たす最大の整数 x を求めよ。

*(1) $2x^2-5x-3<0$

(2) $x^2-4x-3\leqq0$

27　2次関数のグラフと2次不等式(2)

例題 75　　文章題への応用　　類179

縦 12 m，横 20 m の長方形の花壇がある。この花壇に，右の図のような垂直に交わる同じ幅の道を作る。道の面積を花壇全体の面積の $\frac{1}{4}$ 以下になるようにしたい。道の幅を何 m 以下にすればよいか。

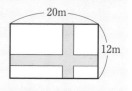

解　道の幅を x m $(0<x<12 \cdots ①)$ とすると　$20x+12x-x^2 \leqq \frac{1}{4} \cdot 12 \cdot 20$

よって，$x^2-32x+60 \geqq 0$ より　$(x-2)(x-30) \geqq 0$

ゆえに　$x \leqq 2,\ 30 \leqq x \cdots ②$

①，②より　$0<x \leqq 2$ であるから，**2 m 以下**にすればよい。

例題 76　　解に適した2次不等式　　類180

2次不等式 $ax^2+bx+2>0$ の解が $-1<x<2$ であるとき，定数 a, b の値を求めよ。

解　$-1<x<2$ を解とする2次不等式の1つは $(x+1)(x-2)<0$ と表せる。

$x^2-x-2<0$　すなわち　$-x^2+x+2>0$

これが，$ax^2+bx+2>0$ と一致するから　$a=-1,\ b=1$

別解　$y=ax^2+bx+2$ のグラフが，$-1<x<2$ の範囲で

$y>0$ となればよい。すなわちグラフが上に凸で，

2点 $(-1,\ 0)$, $(2,\ 0)$ を通ればよい。

したがって，$a<0 \cdots ①$, $a-b+2=0 \cdots ②$, $4a+2b+2=0 \cdots ③$

②，③を解いて　$a=-1,\ b=1$　（これは①を満たす）

例題 77　　2つの放物線がともに x 軸と共有点をもつ条件　　類181

2次関数 $y=x^2+4x+m$, $y=x^2+2mx-2m+3$ のグラフが，ともに x 軸と共有点をもつとき，定数 m の値の範囲を求めよ。

解　$x^2+4x+m=0$, $x^2+2mx-2m+3=0$ の判別式をそれぞれ D_1, D_2 とすると，

求める条件は，$D_1 \geqq 0$ かつ $D_2 \geqq 0$

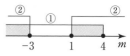

$\frac{D_1}{4}=4-m \geqq 0$　よって　$m \leqq 4 \cdots ①$

$\frac{D_2}{4}=m^2+2m-3=(m+3)(m-1) \geqq 0$　よって　$m \leqq -3,\ 1 \leqq m \cdots ②$

①，②より　$m \leqq -3,\ 1 \leqq m \leqq 4$

エクセル　2次関数のグラフがともに x 軸と共有点をもつ ➡ ともに $D \geqq 0$

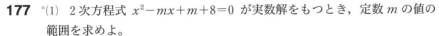

177 *(1) 2次方程式 $x^2-mx+m+8=0$ が実数解をもつとき，定数 m の値の範囲を求めよ。

(2) 2次方程式 $-x^2+(2m-1)x-1=0$ が，異なる2つの実数解をもつとき，定数 m の値の範囲を求めよ。

178 次の2次方程式は，定数 m の値にかかわらず，つねに実数解をもつことを示せ。

(1) $x^2+mx-1=0$ 　　　　　*(2) $x^2-mx+m-1=0$

***179** 右の図のように，放物線 $y=25-x^2$ と x 軸とで囲まれた部分に，長方形 ABCD を内接させる。この長方形の周の長さが 44 以下であるとき，点 A の x 座標 a はどのような範囲にあるか。ただし，$a>0$ とする。　　　↩ 例題75

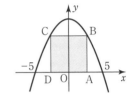

180 (1) 2次不等式 $ax^2+bx+4>0$ の解が $-1<x<4$ であるとき，定数 a，b の値を求めよ。　　　　　↩ 例題76

*(2) 2次不等式 $ax^2+2x+b<0$ の解が $x<-2$，$3<x$ であるとき，定数 a，b の値を求めよ。

(3) 2次不等式 $3x^2+ax+b<0$ の解が $\dfrac{2}{3}<x<1$ であるとき，2次不等式 $bx^2+ax+3\geqq0$ を解け。

181 2次関数 $y=x^2+mx+m$ と $y=x^2-2mx+2m+3$ のグラフが，ともに x 軸と共有点をもたないとき，定数 m の値の範囲を求めよ。　　　↩ 例題77

***182** 2つの2次方程式 $x^2+mx+1=0$ …①，$x^2-2mx+3m+4=0$ …②について，次の条件を満たすとき，定数 m の値の範囲を求めよ。

(1) ①，②がともに異なる2つの実数解をもつ。

(2) ①，②がともに実数解をもたない。

(3) ①，②の少なくとも一方が実数解をもつ。

(4) ①，②のうち一方だけが，異なる2つの実数解をもつ。

ヒント **182** ①，②の判別式をそれぞれ D_1，D_2 とすると

(3) $D_1\geqq0$ または $D_2\geqq0$ 　　(4) 「$D_1>0$ かつ $D_2\leqq0$」または「$D_1\leqq0$ かつ $D_2>0$」

2次関数のグラフの応用（1）

Step UP 例題 78　すべての実数 x に対して成り立つ不等式

すべての実数 x に対して，$x^2-(m+1)x+1>0$ となるとき，定数 m の値の範囲を求めよ。

解　2次方程式 $x^2-(m+1)x+1=0$ の判別式を D とすると

$$D=\{-(m+1)\}^2-4=m^2+2m-3$$
$$=(m+3)(m-1)$$

すべての実数 x に対して $x^2-(m+1)x+1>0$ となるための条件は，x^2 の係数が1で正であるから，$D<0$ である。

よって，$(m+3)(m-1)<0$ より　$-3<m<1$

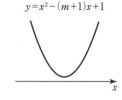

$y=x^2-(m+1)x+1$

エクセル　$a\neq0$ のとき，すべての実数 x に対して $ax^2+bx+c>0$ が成り立つ条件
➡ 放物線が下に凸 かつ x 軸と共有点をもたない ⟺ $a>0$ かつ $D<0$

*183　すべての実数 x に対して，次の不等式が成り立つとき，定数 m の値の範囲を求めよ。

(1)　$x^2-2mx-m>0$　　　　　　(2)　$mx^2-2mx-m+1>0$

Step UP 例題 79　ある範囲内のすべての実数 x に対して成り立つ不等式

$x\geqq0$ を満たすすべての実数 x に対して $x^2-2mx+m+2>0$ となるとき，定数 m の値の範囲を求めよ。

解　$y=x^2-2mx+m+2$ とおくと

$$y=(x-m)^2-m^2+m+2$$

$x\geqq0$ における y の最小値が0より大きくなる。

(ⅰ)　$m<0$ のとき　…①

$x=0$ で最小になるから $m+2>0$

ゆえに　$m>-2$, ①より　$-2<m<0$

(ⅱ)　$m\geqq0$ のとき　…②

$x=m$ で最小になるから　$-m^2+m+2>0$

$(m+1)(m-2)<0$　ゆえに　$-1<m<2$

②より　$0\leqq m<2$

(ⅰ),(ⅱ)より　$-2<m<2$

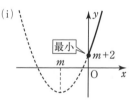

(ⅰ) 最小 $m+2$

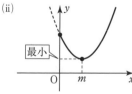

(ⅱ) 最小

*184　$-2\leqq x\leqq2$ を満たすすべての実数 x に対して $x^2-2mx-3m+4>0$ となるとき，定数 m のとる値の範囲を求めよ。

2次方程式 $x^2-2mx-2m+8=0$ が，次のような実数解をもつとき，定数 m の値の範囲を求めよ。

(1) 異なる2つの正の解をもつ。　　(2) 正の解と負の解をもつ。

解 $y=x^2-2mx-2m+8$ とおくと　$y=(x-m)^2-m^2-2m+8$

(1) グラフが右の図のようになる。

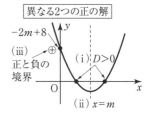

異なる2つの正の解

(ⅰ) x 軸と異なる2点で交わるから

$x^2-2mx-2m+8=0$ の判別式を D とすると，

$$\frac{D}{4}=(-m)^2-(-2m+8)=(m+4)(m-2)>0$$

よって　$m<-4,\ 2<m$　　…①

(ⅱ) 軸 $x=m$ が y 軸より右側にあるから

$\qquad m>0$　　　　　…②

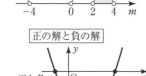

(ⅲ) $x=0$ のときの y の値が正であるから

$\qquad -2m+8>0$　よって　$m<4$　…③

ゆえに，①，②，③の共通範囲を求めて　**$2<m<4$**

(2) グラフが右の図のようになる。

$x=0$ のときの y の値が負となるから

$\qquad -2m+8<0$　よって　**$m>4$**

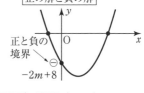

正の解と負の解

エクセル 2次方程式の解の配置（放物線と x 軸の交点の配置）問題（$a>0$）

➡
- ・2つとも α より〜
  - (ⅰ) 判別式 $D>0$
  - (ⅱ) 軸の位置
  - (ⅲ) 境界 $x=\alpha$ とグラフの交点 $f(\alpha)$ の符号に注目
- ・1つは α より大きく，1つは α より小さい ⇔ $x=\alpha$ における y 座標 $f(\alpha)<0$

***185** 2次方程式 $x^2+2mx+m+2=0$ が次のような実数解をもつとき，定数 m の値の範囲を求めよ。

(1) 異なる2つの負の解　　(2) 1より大きい解と1より小さい解

(3) 0より大きく1より小さい解と，1より大きく3より小さい解

186 2次方程式 $x^2-2mx+4m-3=0$ が，0より大きく5より小さい異なる2つの解をもつとき，定数 m の値の範囲を求めよ。

187 方程式 $(x-a)(x-b)+(x-b)(x-c)+(x-c)(x-a)=0$ は，$a<x<b$ および $b<x<c$ の範囲に，それぞれ1つずつ解をもつことを示せ。ただし，$a<b<c$ とする。

２次関数のグラフの応用（2）

文字定数を含む２次不等式

a を定数とするとき，２次不等式 $x^2-3ax+2a^2<0$ を解け。

解 左辺を因数分解すると $(x-a)(x-2a)<0$ であるから ◁ $x=a$ と $x=2a$ のどちら
　　　　　　　　　　　　　　　　　　　　　　　　　　　　が大きいかで場合分け

(ⅰ) $a<2a$ すなわち **$a>0$** のとき **$a<x<2a$**

(ⅱ) $a=2a$ すなわち **$a=0$** のとき **解なし** ◁ $a=0$ のとき $x^2<0$ とな
　　　　　　　　　　　　　　　　　　　　　　　　　　　　るので，これを満たす実

(ⅲ) $a>2a$ すなわち **$a<0$** のとき **$2a<x<a$** 　　数 x は存在しない

エクセル $(x-\alpha)(x-\beta)\geqq0$ ➡ $\alpha,\ \beta$ の大小関係で場合分けする

　　　　　　(ⅰ) $\alpha<\beta$ 　(ⅱ) $\alpha=\beta$ 　(ⅲ) $\alpha>\beta$

188 a を定数とするとき，次の２次不等式を解け。

*(1) $x^2-(a+3)x+3a\leqq0$ 　　　(2) $x^2-ax-2a^2>0$

189 (1) a を定数とするとき，２次不等式 $x^2-5ax+4a^2<0$ を解け。

(2) ２次不等式 $x^2-5x+6<0$ を満たすすべての x が，x についての２次
不等式 $x^2-5ax+4a^2<0$ を満たすように定数 a の値の範囲を定めよ。

連立不等式の整数解の個数

連立不等式 $\begin{cases} 1-x<2x-5 & \cdots① \\ (x-1)(x-a)<0 & \cdots② \end{cases}$

を満たす整数 x がちょうど３個であるとき，定数 a の値の範囲を求めよ。

解 ①より $-3x<-6$ より $x>2$ $\cdots①'$

②の解は

(ⅰ) $a>1$ のとき，$1<x<a$ $\cdots②'$

よって，右の図より **$5<a\leqq6$**

(ⅱ) $a=1$ のとき，$(x-1)^2<0$ となり，

「解なし」であるから条件を満たさない。

(ⅲ) $a<1$ のとき，$a<x<1$

よって，①かつ②を満たす整数は存在

しないので条件を満たさない。

(ⅰ)～(ⅲ)より **$5<a\leqq6$**

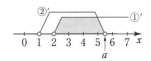

$a=5$ のとき

3, 4しか含まれない

$a=6$ のとき

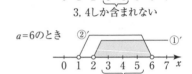

3, 4, 5が含まれる

*190 連立不等式 $\begin{cases} x^2+x-2>0 & \cdots① \\ x^2-(a-1)x-a<0 & \cdots② \end{cases}$

を満たす整数 x がちょうど２個であるとき，定数 a の値の範囲を求めよ。

次の関数のグラフをかけ。

(1)　$y=|x-2|$

(2)　$y=|x^2-2x|$

解　(1)　(i)　$x-2\geqq0$, すなわち

$\quad\quad$ $x\geqq2$ のとき

$\quad\quad\quad$ $|x-2|=x-2$

$\quad\quad$ よって　$y=x-2$

$\quad$ (ii)　$x-2<0$, すなわち

$\quad\quad$ $x<2$ のとき

$\quad\quad\quad$ $|x-2|=-(x-2)$

$\quad\quad$ よって　$y=-x+2$

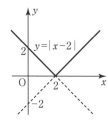

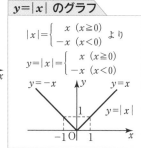

$y=|x|$ のグラフ

$|x|=\begin{cases} x & (x\geqq0) \\ -x & (x<0) \end{cases}$ より

$y=|x|=\begin{cases} x & (x\geqq0) \\ -x & (x<0) \end{cases}$

(i), (ii)より，グラフは上の図の実線部分である。

(2)　$x^2-2x=x(x-2)$ であるから

$\quad$ (i)　$x^2-2x\geqq0$, すなわち　$x\leqq0$, $2\leqq x$ のとき

$\quad\quad\quad$ $|x^2-2x|=x^2-2x=(x-1)^2-1$

$\quad\quad$ よって　$y=(x-1)^2-1$

$\quad$ (ii)　$x^2-2x<0$, すなわち　$0<x<2$ のとき

$\quad\quad\quad$ $|x^2-2x|=-(x^2-2x)=-(x-1)^2+1$

$\quad\quad$ よって　$y=-(x-1)^2+1$

(i), (ii)より，グラフは右の図の実線部分である。

エクセル　① 　絶対値記号の中の式の符号によって場合分けして考える

$\quad\quad\quad$ ②　$y=|f(x)|$ のグラフ　⇒　$y=f(x)$ のグラフの x 軸より下の部分を

$\quad\quad\quad\quad\quad\quad\quad\quad\quad\quad$ x 軸に関して対称に折り返す

191　次の関数のグラフをかけ。

$\quad$ *(1)　$y=|x+4|$

(2)　$y=|-x+3|$

$\quad$ (3)　$y=|x^2-4|$

*(4)　$y=|x^2+x-2|$

192　次の関数のグラフをかけ。

$\quad$ *(1)　$y=|x+1|+|x-3|$

(2)　$y=|x+2|-|x-1|$

193　次の関数のグラフをかけ。

$\quad$ (1)　$y=x^2-2|x|+3$

(2)　$y=x|x-2|$

(3)　$y=|x^2-9|+2x$

30 三角比

例題84 **三角比の基本**　　　　　　　　　　　　　　類**194**

右の図において，次の値を求めよ。

(1) $\sin A$　　　(2) $\cos A$　　　(3) $\tan B$

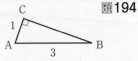

解　三平方の定理より　$AC^2+BC^2=AB^2$

$1^2+BC^2=3^2$　よって　$BC^2=8$

$BC>0$ であるから　$BC=2\sqrt{2}$

(1) $\sin A=\dfrac{BC}{AB}=\dfrac{2\sqrt{2}}{3}$

(2) $\cos A=\dfrac{AC}{AB}=\dfrac{1}{3}$

(3) $\tan B=\dfrac{AC}{BC}=\dfrac{1}{2\sqrt{2}}=\dfrac{\sqrt{2}}{4}$

三角比

$\sin A=\dfrac{a}{c}$

$\cos A=\dfrac{b}{c}$

$\tan A=\dfrac{a}{b}$

エクセル　三角比は，直角を右下，着目する角を左下にして考える

例題85 **三角比の利用(1)**　　　　　　　　　　　　類**198,199**

右の図において，x, y の長さを求めよ。

解　直角三角形 ABC において　$\cos30°=\dfrac{AB}{BC}=\dfrac{x}{6}$

　　　よって　$x=6\times\cos30°=6\times\dfrac{\sqrt{3}}{2}=3\sqrt{3}$　　◯ $AB=BC\cos30°$

　　直角三角形 ABD において　$\sin30°=\dfrac{AD}{AB}=\dfrac{y}{3\sqrt{3}}$

　　　よって　$y=3\sqrt{3}\times\sin30°=3\sqrt{3}\times\dfrac{1}{2}=\dfrac{3\sqrt{3}}{2}$　　◯ $AD=AB\sin30°$

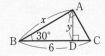

例題86 **三角比の利用(2)**　　　　　　　　　　　　類**200**

ある地点で塔の仰角を測ったら，$30°$ であった。そこから塔に向かって水平に 200 m 進み，そこで仰角を測ったら，$45°$ であった。塔の高さは何 m か。小数第 1 位まで求めよ。ただし，目の高さは考えない。

解　右の図のように，A，B，P，Q を定める。

　　このとき，$PQ=x$ とすると，$BQ=x$ である。

　　　$\tan30°=\dfrac{x}{200+x}=\dfrac{1}{\sqrt{3}}$　より　$\sqrt{3}\,x=200+x$

　　　$(\sqrt{3}-1)x=200$　よって　$x=\dfrac{200}{\sqrt{3}-1}=100(\sqrt{3}+1)≒273.2$(m)

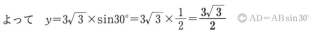

エクセル　三角比の図形問題 ➡ 直角三角形に着目し，求める長さを三角比で表す

A

*194 右の図において，
sin$A$，cos$A$，tan$A$ の
値をそれぞれ求めよ。

↵ 例題84

(1)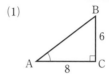

(2)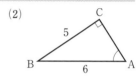

*195 次の式の値を求めよ。

(1) $\cos 30° + 2\sin 45° \cos 45°$

(2) $\sin 30° \cos 60° + \cos 30° \sin 60°$

(3) $\tan 30° \tan 60°$

(4) $(\sin 60° - \tan 45°)(\cos 30° + \tan 45°)$

196 巻末の三角比の表を用いて，次の値を求めよ。

(1) $\sin 32°$　　　　(2) $\cos 66°$　　　　(3) $\tan 43°$

197 右の図において，巻末の
三角比の表を用いて，∠A
のおよその大きさを求めよ。

(1)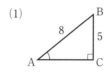

(2)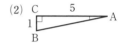

B

198 右の図において，次の各線分の長さを
c，A を用いて表せ。　　↵ 例題85

(1) BC　　　　*(2) AC

*(3) CD　　　　(4) AD

(5) BD

*199 右の図において，次の問いに答えよ。　↵ 例題85

(1) BD，BC，DC の長さを求めよ。

(2) DE，BE の長さを求めよ。

(3) $\sin 15°$，$\cos 15°$ の値を求めよ。

200 傾斜が$10°$のゲレンデを$50\,\mathrm{m}$まっすぐ滑り降りるとき，高低差は何mか。
また，水平方向には何m進んだことになるか。それぞれ，小数第1位まで求
めよ。

↵ 例題86

例題 87 三角比の相互関係 類201

$0°<A<90°$ とする。次の各場合について，残りの三角比の値を求めよ。

(1) $\sin A = \dfrac{1}{3}$ 　　　　　　 (2) $\tan A = \dfrac{3}{4}$

解 (1) $\sin^2 A + \cos^2 A = 1$ から

$$\cos^2 A = 1 - \sin^2 A = 1 - \left(\dfrac{1}{3}\right)^2 = \dfrac{8}{9}$$

$\cos A > 0$ より　$\cos A = \sqrt{\dfrac{8}{9}} = \dfrac{2\sqrt{2}}{3}$

また，$\tan A = \dfrac{\sin A}{\cos A} = \dfrac{1}{3} \div \dfrac{2\sqrt{2}}{3} = \dfrac{1}{3} \times \dfrac{3}{2\sqrt{2}}$

$$= \dfrac{\sqrt{2}}{4}$$

> **三角比の相互関係**
>
> $\tan A = \dfrac{\sin A}{\cos A}$
> $\sin^2 A + \cos^2 A = 1$
> $1 + \tan^2 A = \dfrac{1}{\cos^2 A}$

$\circlearrowleft$ $\frac{\sin A}{\cos A} = \sin A \div \cos A$

(2) $1 + \tan^2 A = \dfrac{1}{\cos^2 A}$ から　$\dfrac{1}{\cos^2 A} = 1 + \left(\dfrac{3}{4}\right)^2 = \dfrac{25}{16}$

すなわち　$\cos^2 A = \dfrac{16}{25}$

$\cos A > 0$ より　$\cos A = \sqrt{\dfrac{16}{25}} = \dfrac{4}{5}$

また，$\tan A = \dfrac{\sin A}{\cos A}$ から

$$\sin A = \tan A \cos A = \dfrac{3}{4} \times \dfrac{4}{5} = \dfrac{3}{5}$$

$\circlearrowleft$ $\dfrac{A}{B} = \dfrac{C}{D} \Longleftrightarrow \dfrac{B}{A} = \dfrac{D}{C}$
（両辺の逆数をとる）

$\circlearrowleft$ $\tan A = \dfrac{\sin A}{\cos A}$ の両辺に $\cos A$ を掛けて分母を払う

エクセル $0°<A<90°$ の三角比 $\Rightarrow$ $\sin A$, $\cos A$, $\tan A$ の値は，すべて正

例題 88 $90°-A$ の三角比 類203

次の式を簡単にせよ。

(1) $\cos A \cos(90°-A) - \sin A \sin(90°-A)$ 　(2) $\dfrac{1}{\tan^2(90°-A)} - \dfrac{1}{\cos^2 A}$

解 (1) $\cos(90°-A) = \sin A$, $\sin(90°-A) = \cos A$ から

（与式）$= \cos A \sin A - \sin A \cos A = 0$

(2) $\tan(90°-A) = \dfrac{1}{\tan A}$ から　$\dfrac{1}{\tan^2(90°-A)} = \tan^2 A$

> **$90°-A$ の三角比**
>
> $\sin(90°-A) = \cos A$
> $\cos(90°-A) = \sin A$
> $\tan(90°-A) = \dfrac{1}{\tan A}$

また，$\dfrac{1}{\cos^2 A} = 1 + \tan^2 A$ から

（与式）$= \tan^2 A - (1 + \tan^2 A) = -1$

*__201__ $0° < A < 90°$ とする。次の各場合について，残りの三角比の値を求めよ。

(1) $\sin A = \dfrac{1}{4}$　　(2) $\cos A = \dfrac{12}{13}$　　(3) $\tan A = \dfrac{1}{2}$ ↪ 例題87

*__202__ 次の三角比を，$0°$ 以上 $45°$ 以下の角の三角比で表せ。

(1) $\sin 72°$　　(2) $\cos 81°$　　(3) $\tan 67°$

*__203__ 次の式を簡単にせよ。 ↪ 例題88

(1) $\cos^2 A + \cos^2(90° - A)$　　(2) $\tan A \times \tan(90° - A)$

__204__ 次の式の値を求めよ。

(1) $\sin^2 40° + \sin^2 50°$　　*(2) $\sin 10° \cos 80° + \cos 10° \sin 80°$

__205__ 右の図の $\triangle ABC$ において

$AC = 5,\ \sin A = \dfrac{3}{4}$

である。頂点 C から辺 AB に垂線 CD を引くとき，
AD の長さを求めよ。

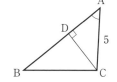

__206__ $0° < A < 90°$ とする。$\sin A = \dfrac{2}{3}$ のとき，次の値を求めよ。

(1) $\cos(90° - A)$　　(2) $\sin(90° - A)$　　(3) $\tan(90° - A)$

__207__ $\triangle ABC$ において，次の等式が成り立つことを示せ。

*(1) $\sin \dfrac{A+B}{2} = \cos \dfrac{C}{2}$　　(2) $\tan \dfrac{A}{2} \times \tan \dfrac{B+C}{2} = 1$

__208__ $\sin 20° = a$ とするとき，次の値を a を用いて表せ。

(1) $\cos 70°$　　(2) $\cos 20°$　　(3) $\tan 70°$

*__209__ 次の式を簡単にせよ。

(1) $(\sin A - \cos A)^2 + (\sin A + \cos A)^2$　　(2) $\tan^2 A(1 - \sin^2 A) - \sin^2 A$

__210__ 次の等式を証明せよ。

*(1) $\sin^2 A - \sin^4 A = \cos^2 A - \cos^4 A$　　(2) $\tan A + \dfrac{1}{\tan A} = \dfrac{1}{\sin A \cos A}$

__ヒント__　__207__　三角形の内角の和は $180°$ より，$A + B + C = 180°$ を利用する。

4章

図形と計量

32 三角比の拡張

次の値を求めよ。

(1) $\sin 150°$　　　　(2) $\cos 150°$　　　　(3) $\tan 150°$

解 (1) $\sin 150° = \dfrac{1}{2}$

(2) $\cos 150° = \dfrac{-\sqrt{3}}{2}$

$= -\dfrac{\sqrt{3}}{2}$

(3) $\tan 150° = \dfrac{1}{-\sqrt{3}} = -\dfrac{\sqrt{3}}{3}$

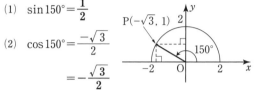

三角比の拡張

$\sin\theta = \dfrac{y}{r},\ \cos\theta = \dfrac{x}{r},\ \tan\theta = \dfrac{y}{x}$

例題 90　**三角方程式**　　　　　　　　　　　　　類213

$0° \leqq \theta \leqq 180°$ のとき，次の等式を満たす角 θ を求めよ。

(1) $\sin\theta = \dfrac{1}{\sqrt{2}}$　　　(2) $\cos\theta = -\dfrac{\sqrt{3}}{2}$　　　(3) $\tan\theta = \sqrt{3}$

解 (1)

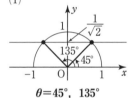

$\theta = 45°,\ 135°$

(2)

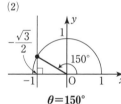

$\theta = 150°$

(3)

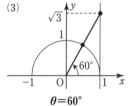

$\theta = 60°$

エクセル　三角方程式 ➡ 単位円上で考える。$\sin\theta$ は y 座標，$\cos\theta$ は x 座標，

$\tan\theta$ は傾き（直線 $x=1$ 上の y 座標）を表す

例題 91　**三角不等式**　　　　　　　　　　　　　類219

$0° \leqq \theta \leqq 180°$ のとき，次の不等式を満たす角 θ の範囲を求めよ。

(1) $\sin\theta \geqq \dfrac{\sqrt{3}}{2}$　　　(2) $\cos\theta < -\dfrac{1}{\sqrt{2}}$　　　(3) $\tan\theta \geqq 1$

解 (1)

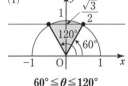

$60° \leqq \theta \leqq 120°$

(2)

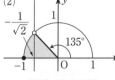

$135° < \theta \leqq 180°$

(3)

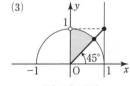

$45° \leqq \theta < 90°$

エクセル　三角不等式 ➡ 不等号を等号に置き換えて，境目となる角を求める

*211 三角比の値を入れて次の表を完成させよ。　　　　　　　　↩ 例題89

θ	0°	30°	45°	60°	90°	120°	135°	150°	180°
$\sin\theta$									
$\cos\theta$									
$\tan\theta$									

212 次の三角比を鋭角の三角比で表し，巻末の三角比の表を用いて値を求めよ。

(1) $\sin 160°$ (2) $\cos 102°$ (3) $\tan 123°$

*213 $0°≦\theta≦180°$ のとき，次の等式を満たす角 θ を求めよ。　　↩ 例題90

(1) $2\sin\theta=\sqrt{3}$ (2) $3\cos\theta+3=0$ (3) $3\tan\theta+\sqrt{3}=0$

214 直線 $y=5x$ と x 軸の正の向きとのなす角はおよそ何度か。巻末の三角比の表を用いて求めよ。

215 x 軸の正の向きとのなす角 θ が次のようになる直線の傾き m を求めよ。

*(1) 60° *(2) 135° (3) 150°

216 $0°≦\theta≦180°$ とする。$\sin\theta,\ \cos\theta,\ \tan\theta$ のうち，1つが次のように与えられたとき，他の2つの値を求めよ。

*(1) $\sin\theta=\dfrac{\sqrt{3}}{3}$ *(2) $\cos\theta=-\dfrac{2}{3}$ (3) $\tan\theta=-\sqrt{15}$

217 次の式を簡単にせよ。

*(1) $\cos(90°-\theta)\cos(180°-\theta)+\sin(90°-\theta)\sin(180°-\theta)$

(2) $\sin 125°+\cos 145°+\tan 10°+\tan 170°$

218 △ABC において，次の等式を証明せよ。

(1) $\sin(A+B)\cos C+\cos(A+B)\sin C=0$

(2) $\tan A+\tan(B+C)=0$

*219 $0°≦\theta≦180°$ のとき，次の不等式を満たす角 θ の範囲を求めよ。　↩ 例題91

(1) $\sin\theta≦\dfrac{1}{\sqrt{2}}$ (2) $\cos\theta≧-\dfrac{1}{2}$ (3) $\tan\theta≦\dfrac{1}{\sqrt{3}}$

4章 図形と計量

三角比の応用

Step UP 例題 92　$\sin\theta+\cos\theta=a$ のときの式の値

$\sin\theta+\cos\theta=\dfrac{2}{3}$ $(0°\leqq\theta\leqq180°)$ のとき, $\sin\theta\cos\theta$, $\sin^3\theta+\cos^3\theta$ の値を求めよ。

解　与式の両辺を 2 乗して　$\sin^2\theta+2\sin\theta\cos\theta+\cos^2\theta=\dfrac{4}{9}$　　◀$\sin^2\theta+\cos^2\theta=1$

$1+2\sin\theta\cos\theta=\dfrac{4}{9}$　よって　$\sin\theta\cos\theta=-\dfrac{5}{18}$

$\sin^3\theta+\cos^3\theta=(\sin\theta+\cos\theta)(\sin^2\theta-\sin\theta\cos\theta+\cos^2\theta)$　　◀因数分解の公式
$$=\dfrac{2}{3}\cdot\left\{1-\left(-\dfrac{5}{18}\right)\right\}=\dfrac{23}{27}$$
　　　　　　a^3+b^3
　　　　　　$=(a+b)(a^2-ab+b^2)$

---

*220　$\sin\theta+\cos\theta=\dfrac{\sqrt{3}}{2}$ $(0°\leqq\theta\leqq180°)$ のとき, 次の式の値を求めよ。

(1)　$\sin\theta\cos\theta$　　　　(2)　$\sin^3\theta+\cos^3\theta$　　　(3)　$\sin\theta-\cos\theta$

221　$0°\leqq\theta\leqq180°$ のとき, 次の問いに答えよ。

(1)　$\sin\theta=\cos^2\theta$ のとき, $\sin\theta$ の値を求めよ。

(2)　$\sin\theta+\cos\theta=\dfrac{1}{5}$ のとき, $\sin\theta$, $\cos\theta$ の値を求めよ。

222　$\dfrac{\cos\theta+\sin\theta}{\cos\theta-\sin\theta}=\sqrt{3}-2$ $(0°\leqq\theta\leqq180°)$ のとき, $\tan\theta$ の値を求めよ。

また, このときの θ の値を求めよ。

Step UP 例題 93　方程式・不等式

$0°\leqq\theta\leqq180°$ のとき, 方程式 $2\cos^2\theta+3\sin\theta-3=0$ を解け。

解　与式は　$2(1-\sin^2\theta)+3\sin\theta-3=0$　　◀$\sin^2\theta+\cos^2\theta=1$

と変形できるから

$2\sin^2\theta-3\sin\theta+1=0$　　◀$\sin\theta=x$ とおくと
$(2\sin\theta-1)(\sin\theta-1)=0$　　　$2x^2-3x+1=0$

よって　$\sin\theta=\dfrac{1}{2}$ または $\sin\theta=1$

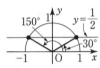

$0°\leqq\theta\leqq180°$ より $\sin\theta=\dfrac{1}{2}$ のとき $\theta=30°$, $150°$

$\sin\theta=1$ のとき $\theta=90°$

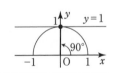

ゆえに　$\theta=30°$, $90°$, $150°$

223 $0° \leqq \theta \leqq 180°$ のとき，次の方程式を解け。

*(1) $2\cos^2\theta + \sin\theta - 1 = 0$ 　　　(2) $2\sin^2\theta - \cos\theta - 1 = 0$

*(3) $\tan^2\theta - \tan\theta = 0$

224 $0° \leqq \theta \leqq 180°$ のとき，次の不等式を解け。

*(1) $\dfrac{1}{2} < \sin\theta < \dfrac{\sqrt{3}}{2}$ 　　　*(2) $-\dfrac{1}{\sqrt{2}} < \cos\theta \leqq \dfrac{1}{2}$

*(3) $-\sqrt{3} \leqq \tan\theta \leqq 1$ 　　　(4) $4\sin^2\theta - 1 > 0$

225 $0° \leqq \theta \leqq 180°$ のとき，次の不等式を解け。

(1) $(\sqrt{2}\cos\theta - 1)\cos\theta < 0$ 　　　*(2) $2\cos^2\theta + 3\sin\theta \leqq 3$

(3) $\tan^2\theta + (\sqrt{3} - 1)\tan\theta - \sqrt{3} \geqq 0$

Step UP 例題 94 　**最大・最小**

$0° \leqq \theta \leqq 180°$ のとき，関数 $y = -\sin^2\theta - \cos\theta + 2$ の最大値，最小値を求めよ。また，そのときの θ の値を求めよ。

解 $y = -(1 - \cos^2\theta) - \cos\theta + 2 = \cos^2\theta - \cos\theta + 1$ 　　　◯ $\cos\theta$ だけで表す

$\cos\theta = t$ とおくと，$0° \leqq \theta \leqq 180°$ のとき 　$-1 \leqq t \leqq 1$ …①

与式は 　$y = t^2 - t + 1 = \left(t - \dfrac{1}{2}\right)^2 + \dfrac{3}{4}$ 　と変形できる。

グラフより，①の範囲において y は

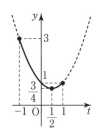

　　　$t = -1$ のとき最大で，$\cos\theta = -1$ より 　$\theta = 180°$

　　　$t = \dfrac{1}{2}$ のとき最小で，$\cos\theta = \dfrac{1}{2}$ より 　　$\theta = 60°$

よって 　$\theta = 180°$ のとき 　最大値 3

　　　$\theta = 60°$ のとき 　最小値 $\dfrac{3}{4}$

エクセル 　$\sin^2\theta$，$\cos^2\theta$ を含む式の最大・最小

　　　➡ $\sin^2\theta + \cos^2\theta = 1$ を利用し，$\sin\theta = t$ または $\cos\theta = t$ とおいて変形，
　　　t の変域に注意

---

226 与えられた範囲における次の関数の最大値，最小値を求めよ。

(1) $y = 2\cos\theta - 1$ 　$(0° \leqq \theta \leqq 180°)$

(2) $y = \sqrt{2}\sin\theta + 1$ 　$(45° \leqq \theta \leqq 135°)$

*227 $0° \leqq \theta \leqq 180°$ のとき，関数 $y = \cos^2\theta + \sin\theta$ の最大値，最小値を求めよ。また，そのときの θ の値を求めよ。

34 正弦定理と余弦定理

例題 95 **正弦定理**　　　　　　　　　　　　　　　　類**228**

△ABC において，$A=60°$，$B=45°$，$a=6$ のとき，b の値を求めよ。
また，外接円の半径 R を求めよ。

解　正弦定理から　$\dfrac{6}{\sin 60°}=\dfrac{b}{\sin 45°}$

よって　$b=\dfrac{6\sin 45°}{\sin 60°}$

$\qquad =6\times\dfrac{1}{\sqrt{2}}\div\dfrac{\sqrt{3}}{2}=\boldsymbol{2\sqrt{6}}$

また，$2R=\dfrac{6}{\sin 60°}$ であるから　$R=6\div\dfrac{\sqrt{3}}{2}\times\dfrac{1}{2}$

$\qquad\qquad\qquad\qquad\qquad\qquad\qquad =\boldsymbol{2\sqrt{3}}$

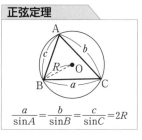

正弦定理

$\dfrac{a}{\sin A}=\dfrac{b}{\sin B}=\dfrac{c}{\sin C}=2R$

エクセル　1 辺と 2 つの角がわかっている ➡ 正弦定理を利用

例題 96 **余弦定理**　　　　　　　　　　　　　　　　類**229**

△ABC において，次の値を求めよ。

(1)　$b=2$，$c=3$，$A=60°$ のとき，a

(2)　$a=7$，$b=13$，$B=120°$ のとき，c

(3)　$a=5$，$b=3$，$c=7$ のとき，C

解　(1)　余弦定理から

$\qquad a^2=b^2+c^2-2bc\cos A$

$\qquad a^2=2^2+3^2-2\cdot 2\cdot 3\cdot\cos 60°=7$

$a>0$ より　$\boldsymbol{a=\sqrt{7}}$

(2)　余弦定理から

$\qquad b^2=c^2+a^2-2ca\cos B$

$\qquad 13^2=c^2+7^2-2\cdot c\cdot 7\cdot\cos 120°$

これを整理して　$c^2+7c-120=0$

$\qquad (c+15)(c-8)=0$　$c>0$ より　$\boldsymbol{c=8}$

(3)　余弦定理から

$\qquad\cos C=\dfrac{a^2+b^2-c^2}{2ab}=\dfrac{5^2+3^2-7^2}{2\cdot 5\cdot 3}=-\dfrac{1}{2}$

$0°<C<180°$ より　$\boldsymbol{C=120°}$

余弦定理

$a^2=b^2+c^2-2bc\cos A$
$b^2=c^2+a^2-2ca\cos B$
$c^2=a^2+b^2-2ab\cos C$

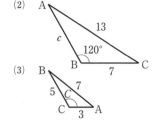

エクセル　2 辺と 1 つの角　または 3 辺　$\Big\}$ がわかっている ➡ 余弦定理を利用

228 △ABC において，外接円の半径を R とするとき，次の値を求めよ。

*(1) $B=45°$，$C=30°$，$c=8$ のとき，b および R ↪例題95

 (2) $A=45°$，$B=75°$，$a=6$ のとき，c および R

 (3) $C=120°$，$a=3$，$c=3\sqrt{3}$ のとき，A および R

*(4) $a=5\sqrt{2}$，$R=5$ のとき，A

229 △ABC において，次の値を求めよ。   ↪例題96

 (1) $a=2$，$c=3\sqrt{2}$，$B=45°$ のとき，b

*(2) $b=2\sqrt{3}$，$c=4$，$C=150°$ のとき，a

*(3) $a=1$，$b=\sqrt{5}$，$c=\sqrt{2}$ のとき，B

 (4) $a=2$，$b=\sqrt{2}$，$c=1+\sqrt{3}$ のとき，A

230 次の △ABC は，鋭角三角形，直角三角形，鈍角三角形のうちのどれか。

 (1) $a=3$，$b=4$，$c=6$ (2) $a=10$，$b=7$，$c=8$

 (3) $a=12$，$b=13$，$c=5$

231 △ABC において，$a=\sqrt{3}$，$b=\sqrt{6}$，$c=\sqrt{15}$ のとき，次の値を求めよ。

 (1) 最大角の大きさ   (2) 外接円の半径 R

232 次の △ABC において，残りの辺の長さと角の大きさを求めよ。

 (1) $b=2+2\sqrt{3}$，$c=4$，$A=60°$ *(2) $b=\sqrt{2}$，$c=2$，$B=30°$

 (3) $a=\sqrt{3}-1$，$b=2$，$c=\sqrt{6}$ (4) $b=\sqrt{2}$，$B=45°$，$C=120°$

233 半径 1 の円に内接する正十二角形の
周の長さを求めよ。

***234** △ABC において，AB=6，AC=4，∠A=60° とする。
辺 BC の中点を M とするとき，次の値を求めよ。

 (1) $\cos B$ (2) AM の長さ

235 △ABC において，AB=12，AC=15，BC=18 とする。
∠A の二等分線と辺 BC との交点を D とするとき，AD の長さを求めよ。

35 平面図形の計量（1）

例題97　三角形の角の二等分線の長さ　　類238

△ABC において，AB=6，AC=10，$A=120°$ とする。∠A の二等分線と辺 BC の交点を D とするとき，AD の長さを求めよ。

解　AD=x とおく。

△ABC＝△ABD＋△ACD であるから

$$\frac{1}{2}\cdot6\cdot10\cdot\sin120°$$ ◉ $\sin120°=\sin60°$

$$=\frac{1}{2}\cdot6\cdot x\cdot\sin60°+\frac{1}{2}\cdot10\cdot x\cdot\sin60°$$

すなわち　$60=6x+10x$

よって　x=AD$=\dfrac{15}{4}$

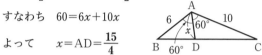

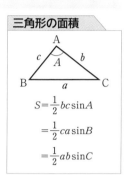

三角形の面積

$S=\dfrac{1}{2}bc\sin A$

$=\dfrac{1}{2}ca\sin B$

$=\dfrac{1}{2}ab\sin C$

エクセル　角の二等分線の長さ ➡ 面積を利用

例題98　円に内接する四角形　　類241

右の図の四角形 ABCD において，次の値を求めよ。

(1)　△ABD の面積 S　　　(2)　BD の長さ

(3)　BC の長さ

(4)　四角形 ABCD の面積 T

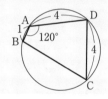

解　(1)　$S=\dfrac{1}{2}\cdot1\cdot4\cdot\sin120°=\sqrt{3}$

(2)　$BD^2=1^2+4^2-2\cdot1\cdot4\cdot\cos120°=21$　　◉ △ABD で余弦定理

BD>0 より　BD$=\sqrt{21}$

(3)　四角形 ABCD は円に内接しているから

∠BCD$=180°-$∠BAD$=60°$　　◉ 対角の和が 180°

BC=x とおいて，△BCD に余弦定理を用いると

$(\sqrt{21})^2=x^2+4^2-2\cdot x\cdot4\cdot\cos60°$

これを整理して　$x^2-4x-5=0$

$(x-5)(x+1)=0$　$x>0$ より　x=BC=**5**

(4)　$T=$△ABD＋△BCD　　◉ 2 つの三角形の面積の和

$$=S+\frac{1}{2}\cdot4\cdot5\cdot\sin60°$$

$$=\sqrt{3}+5\sqrt{3}=6\sqrt{3}$$

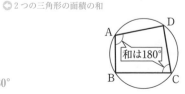

和は180°

エクセル　円に内接する四角形 ➡ 対角の和が 180°

236 次の △ABC の面積 S を求めよ。

(1) $b=6$, $c=8$, $A=30°$ *(2) $a=4$, $b=5$, $A=15°$, $B=45°$

237 3 辺の長さが次のような △ABC の面積 S を求めよ。

*(1) $a=4$, $b=7$, $c=9$ (2) $a=7$, $b=8$, $c=6$

***238** △ABC において，AB=2，AC=6，$A=60°$ とする。∠A の二等分線と辺 BC の交点を D とするとき，AD の長さを求めよ。また，BC, BD, DC の長さを求めよ。   ↩例題97

4 章 図形と計量

B

239 次の平行四辺形 ABCD の面積 S を求めよ。

(1) 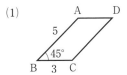   *(2)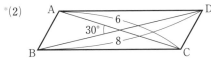

240 右の図の四角形 ABCD において，次の値を求めよ。

(1) AC の長さ

(2) ∠ACB の大きさ

(3) 四角形 ABCD の面積 S

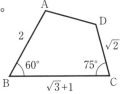

***241** 円に内接する四角形 ABCD において
　　　　AB=8，BC=5，CD=3，∠ABC=60°
のとき，次の値を求めよ。   ↩例題98

(1) AC の長さ   (2) AD の長さ

(3) 四角形 ABCD の面積 S

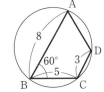

***242** 円に内接する四角形 ABCD において
　　　　AB=2，BC=3，CD=4，DA=5
のとき，次の値を求めよ。

(1) $\cos A$

(2) 四角形 ABCD の面積 S

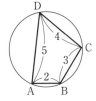

ヒント **242** $C=180°-A$ である。△ABD と △BCD に余弦定理を用いて，BD^2 を 2 通りで表す。

Step UP 例題 99 三角形の最大角

△ABC において，次の場合にこの三角形の最も大きい角の大きさを求めよ。

$$\sin A : \sin B : \sin C = 7 : 5 : 3$$

解 三角形の外接円の半径を R とすると

正弦定理から $\dfrac{a}{\sin A} = \dfrac{b}{\sin B} = \dfrac{c}{\sin C} = 2R$ より

$$\sin A = \frac{a}{2R}, \quad \sin B = \frac{b}{2R}, \quad \sin C = \frac{c}{2R}$$

◀ 角の関係式を辺の関係式に直す

よって $\sin A : \sin B : \sin C = \dfrac{a}{2R} : \dfrac{b}{2R} : \dfrac{c}{2R} = a : b : c$

$\sin A : \sin B : \sin C = 7 : 5 : 3$ のとき $a : b : c = 7 : 5 : 3$

これより，$a = 7k$, $b = 5k$, $c = 3k$ $(k > 0)$ とおくと，

この三角形の最大角は A であるから，余弦定理より

◀ $c < b < a$ より $C < B < A$

$$\cos A = \frac{(5k)^2 + (3k)^2 - (7k)^2}{2 \cdot 5k \cdot 3k} = \frac{-15k^2}{30k^2} = -\frac{1}{2}$$

$0° < A < 180°$ より $A = 120°$

エクセル 三角形の最大角 ➡ 最大辺の対角が最大角

243 △ABC において，$a : b : c = 3 : \sqrt{2} : \sqrt{5}$ のとき，C を求めよ。

244 △ABC において，$\sin A : \sin B : \sin C = 2 : 3 : 4$ のとき，
$\cos A : \cos B : \cos C$ を求めよ。

*245 △ABC において，$\sin A : \sin B : \sin C = \sqrt{3} : \sqrt{7} : 1$ のとき，この三角形の最も大きい角の大きさを求めよ。

246 △ABC において，次の場合にこの三角形の最も大きい角の大きさを求めよ。
$a = x^2 + x + 1$, $b = 2x + 1$, $c = x^2 - 1$ ただし，$x > 1$ とする。

*247 △ABC において $a = 3$, $b = 4$, $c = x$ とする。

(1) 3, 4, x が三角形の3辺となるような x の値の範囲を求めよ。

(2) $0° < C < 90°$ となるための x の値の範囲を求めよ。

(3) △ABC が鋭角三角形となるための x の値の範囲を求めよ。

ヒント **247** (1) a, b, c が三角形の3辺のとき，$|a-b| < c < a+b$

(2) $0° < C < 90° \implies \cos C = \dfrac{a^2 + b^2 - c^2}{2ab} > 0$

△ABC において，$a=8$, $b=7$, $c=3$ のとき，次の値を求めよ。

(1) △ABC の面積 S　　　　　(2) 内接円の半径 r

解 (1) 余弦定理から　$\cos A = \dfrac{7^2+3^2-8^2}{2\cdot 7\cdot 3} = -\dfrac{1}{7}$

$\sin A > 0$ より　$\sin A = \sqrt{1-\cos^2 A}$

$\qquad\qquad\qquad = \sqrt{1-\left(-\dfrac{1}{7}\right)^2} = \dfrac{4\sqrt{3}}{7}$

よって　$S = \dfrac{1}{2}\cdot 7\cdot 3\cdot \dfrac{4\sqrt{3}}{7} = 6\sqrt{3}$

(2) $S = \dfrac{1}{2}r(a+b+c)$ より

$6\sqrt{3} = \dfrac{1}{2}r(8+7+3)$　　よって　$r = \dfrac{2\sqrt{3}}{3}$

三角形の面積と内接円の半径

$\triangle ABC = \triangle IBC + \triangle ICA + \triangle IAB$
$\qquad = \dfrac{1}{2}ar + \dfrac{1}{2}br + \dfrac{1}{2}cr$

すなわち　$S = \dfrac{1}{2}r(a+b+c)$

4章

図形と計量

---

248 △ABC において，$b=8$, $c=7$, $A=120°$ であるとき，次の値を求めよ。

(1) △ABC の面積 S　　(2) a　　　　　(3) 内接円の半径 r

*249 △ABC において，$a=9$, $b=7$, $c=8$ であるとき，次の値を求めよ。

(1) △ABC の面積 S　　(2) 外接円の半径 R　　(3) 内接円の半径 r

△ABC において，$a\cos B = b\cos A$ が成り立つとき，△ABC はどのような形の三角形か。

解 余弦定理から　$a\cdot\dfrac{c^2+a^2-b^2}{2ca} = b\cdot\dfrac{b^2+c^2-a^2}{2bc}$

$c^2+a^2-b^2 = b^2+c^2-a^2$　すなわち　$(a+b)(a-b)=0$

$a>0$, $b>0$ より，$a+b>0$ であるから　$a=b$

よって　**AC＝BC の二等辺三角形**

エクセル 三角形の形状決定 ➡ 正弦・余弦定理で，辺 a, b, c だけの関係式にする

*250 次の等式が成り立つ △ABC はどのような形の三角形か。

(1) $b\sin B = c\sin C$　　　　　(2) $a\cos B - b\cos A = c$

251 △ABC において，次の等式が成り立つことを証明せよ。

(1) $a(\sin B + \sin C) = (b+c)\sin A$　　(2) $\sin A = \sin B\cos C + \cos B\sin C$

37 空間図形の計量

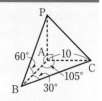

三角錐 P-ABC において， ∠PAB＝∠PAC＝90°，
∠PBA＝60°，∠ABC＝30°，∠BAC＝105°，AC＝10
のとき，次の値を求めよ。

(1) AP の長さ　　(2) ∠PCA＝θ とするとき，cosθ

解 (1) △ABCにおいて ∠ACB＝180°−(105°＋30°)＝45°

△ABC に正弦定理を用いて

$$\frac{AB}{\sin\angle ACB}=\frac{10}{\sin 30°}$$ よって AB$=\dfrac{10\sin 45°}{\sin 30°}=10\times\dfrac{\sqrt{2}}{2}\div\dfrac{1}{2}=10\sqrt{2}$

ゆえに AP$=$AB$\tan 60°=10\sqrt{2}\cdot\sqrt{3}=$**$10\sqrt{6}$**

(2) PC$=\sqrt{AP^2+AC^2}=\sqrt{(10\sqrt{6})^2+10^2}=10\sqrt{7}$

　　○ △ACP は $A=90°$ の直角三角
　　形であるから，三平方の定理よ
　　り PC²＝AP²＋AC² を用いる

よって cosθ$=\dfrac{AC}{PC}=\dfrac{10}{10\sqrt{7}}=$**$\dfrac{\sqrt{7}}{7}$**

右の図のような直方体 ABCD-EFGH
において，AB＝6，AD＝3，AE＝2 のとき，
次の値を求めよ。

(1) cos∠DBE　　(2) △BDE の面積 S

(3) 頂点 A から △BDE へ下ろした垂線の長さ

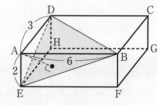

解 (1) DE$=\sqrt{3^2+2^2}=\sqrt{13}$, BE$=\sqrt{6^2+2^2}=2\sqrt{10}$, BD$=\sqrt{6^2+3^2}=3\sqrt{5}$ より

$$\cos\angle DBE=\frac{BE^2+BD^2-DE^2}{2\cdot BE\cdot BD}=\frac{(2\sqrt{10})^2+(3\sqrt{5})^2-(\sqrt{13})^2}{2\cdot 2\sqrt{10}\cdot 3\sqrt{5}}=\frac{3\sqrt{2}}{5}$$

(2) $\sin\angle DBE=\sqrt{1-\cos^2\angle DBE}=\sqrt{1-\left(\dfrac{3\sqrt{2}}{5}\right)^2}=\dfrac{\sqrt{7}}{5}$ ○ $0°<\angle DBE<180°$ より
　　　　　　　　　　　　　　　　　　　　　　　　　　　　　　$\sin\angle DBE>0$

よって $S=\dfrac{1}{2}\cdot BE\cdot BD\cdot\sin\angle DBE=\dfrac{1}{2}\cdot 2\sqrt{10}\cdot 3\sqrt{5}\cdot\dfrac{\sqrt{7}}{5}=$**$3\sqrt{14}$**

(3) A から △BDE へ下ろした垂線の長さを h とすると

$$\frac{1}{3}\cdot\triangle ABD\cdot AE=\frac{1}{3}\cdot\triangle BDE\cdot h$$ より

　　○ 三角錐 A-BDE の体積を
　　「底面 △ABD，高さ AE」と
　　「底面 △BDE，高さ h」の
　　2通りの方法で表す

$$\frac{1}{3}\cdot\left(\frac{1}{2}\cdot 3\cdot 6\right)\cdot 2=\frac{1}{3}\cdot 3\sqrt{14}\cdot h$$ よって $h=$**$\dfrac{3\sqrt{14}}{7}$**

エクセル 空間図形の計量 ➡ どの三角形に正弦・余弦定理を用いればよいか考える

*252 1000 m 離れた地上の 2 地点を A, B とし, ある山の山頂を C とする。

∠CAB＝45°, ∠CBA＝105°

であり, 地点 B から測った山頂 C の仰角が 30° であった。地点 B と山頂 C の標高差 CH を求めよ。　　　　　　↩例題102

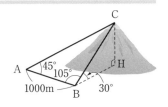

*253 1 辺の長さが 3 の正四面体 OABC において, 辺 AB 上に AP＝1 となる点 P, 辺 BC 上に BQ＝1 となる点 Q をとる。∠POQ＝θ とするとき, cosθ の値を求めよ。

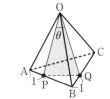

*254 右の図のように, 1 辺の長さが a の立方体がある。頂点 A から △BDE へ下ろした垂線の足を I とする。このとき, 次の問いに答えよ。　↩例題103

(1) △BDE の面積 S を求めよ。

(2) 三角錐 A-BDE の体積 V を求めよ。

(3) AI の長さを求めよ。

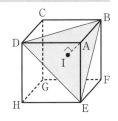

255 底面の半径が a, 母線の長さが 3a の直円錐がある。この円錐の母線 OA の中点を B とするとき, 次の問いに答えよ。

(1) 円錐を母線 OA に沿って切り開く。このときできる扇形の中心角 θ を求めよ。

(2) A を起点として直円錐の側面上をひと回りして B に達する最短の曲線の長さを求めよ。

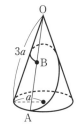

*256 半径 r の球に, 1 辺の長さが a の正四面体 PABC が内接している。O を球の中心, H を △ABC の重心, M を BC の中点とするとき, 次の問いに答えよ。

(1) PH の長さを a で表せ。　(2) a を r で表せ。

(3) 正四面体 PABC の体積 V を r で表せ。

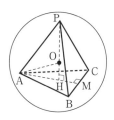

代表値と四分位数

例題104　代表値（平均値，中央値，最頻値）　　　図257,260

右の表は，あるサッカーチームの
20試合の得点をまとめたものである。

得点	0	1	2	3	4	計
試合数	3	7	6	3	1	20

(1)　得点の平均値を求めよ。

(2)　得点の中央値を求めよ。　　　(3)　得点の最頻値を求めよ。

解　(1)　$(0×3+1×7+2×6+3×3+4×1)÷20=$ **1.6（点）**

(2)　得点を小さい順に並べたとき10番目は1点で，11番目は2点

よって，中央値は　$(1+2)÷2=$ **1.5（点）**　　◀中央2個の平均値

(3)　最頻値は **1点**

エクセル　中央値 ➡ データを小さい順に並べたときの中央にくる値

データが偶数個のときは中央2個の平均値

最頻値 ➡ データの中で最も多く現れている値

例題105　四分位範囲と外れ値　　　図259,261

次のデータは，生徒10人のテストの得点を大きさの順に並べたものである。

21, 54, 62, 69, a, 78, 81, b, 94, 100

(1)　得点の範囲を求めよ。

(2)　得点の中央値が75，四分位範囲が24であるとき，a，bの値を求めよ。

(3)　(2)のとき，外れ値とみなせる値を答えよ。

解　(1)　範囲は　$100-21=$ **79**　　　　　◀データの最大値－最小値

(2)　左から5番目と6番目の得点の平均値が中央値である。◀データが偶数個
のときの中央値

よって，$(a+78)÷2=75$ より　$a=$ **72**

次に，第1四分位数 $Q_1=62$　　　　　　◀前半5個の中央値

第3四分位数 $Q_3=b$　　　　　　　　◀後半5個の中央値

ゆえに，$b-62=24$ より　$b=$ **86**　　◀四分位範囲 $R=Q_3-Q_1$

(3)　$Q_1-1.5R=62-1.5×24=26$ より小さい値と　$Q_3+1.5R=86+1.5×24=122$
より大きい値が外れ値とみなせるから，外れ値は **21**

エクセル　範囲 ➡ データの最大値 － 最小値

四分位数 Q_1，Q_2，Q_3 ➡ データを小さい順に並べ，4等分する位置の値

四分位範囲 ➡ $R=Q_3-Q_1$

外れ値 ➡ $Q_1-1.5R$ より小さい値と $Q_3+1.5R$ より大きい値

箱ひげ図 ➡

第1四分位数Q_1　　中央値Q_2　　第3四分位数Q_3　　外れ値

ひげ　　　　　　　　　　　　　　　　　　ひげ

最小値　　　　　　　　　　　　　　　　　　　　最大値

257 右の表は，生徒 40 人の小テストの得点をまとめたものである。得点の平均値，中央値，最頻値を求めよ。

得点	1	2	3	4	5	計
人数	3	6	11	12	8	40

↩ 例題104

258 下の表は，S 市のある月の日ごとの最高気温の度数分布表である。これをヒストグラムで表せ。また，度数分布表から平均値，最頻値を求めよ。

階級（℃）	16 以上〜18 未満	18〜20	20〜22	22〜24	計
度数	4	11	8	7	30

259 次のデータの範囲，四分位範囲を求め，外れ値とみなせる値があれば答えよ。また，それぞれのデータを箱ひげ図に表せ。 ↩ 例題105

(1) 10, 13, 18, 19, 22, 25, 27, 29, 30, 32, 39

(2) 11, 13, 22, 26, 26, 28, 29, 29, 30, 34, 37, 45

260 右の表は，生徒 20 人の小テストの得点をまとめたものである。

得点	5	10	15	20	計
人数	3	x	7	y	20

↩ 例題104

(1) 得点の平均値が 13 点であるとき，x，y の値を求めよ。

(2) 得点の中央値が 12.5 点であるとき，x，y の値を求めよ。

(3) 得点の最頻値が 15 点のみであるとき，x のとり得る値を求めよ。

261 右の箱ひげ図は，40 人の数学のテストの結果をまとめたものである。この図から正しいといえるものを 3 つ選べ。 ↩ 例題105

① 40 点台の生徒は 10 人である。

② 70 点以下の生徒は半数以上いる。

③ 80 点以下の生徒は 30 人である。

④ 90 点台の生徒がいる。

⑤ 外れ値とみなせる得点の生徒はいない。

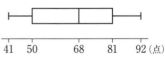

ヒント **259,261** 四分位範囲を R とすると，$Q_1-1.5R$ より小さい値と $Q_3+1.5R$ より大きい値を外れ値とみなす。

例題106 分散・標準偏差 閾262,263,265

次のデータの分散 s^2 と標準偏差 s を求めよ。

$$x : 8, \ 12, \ 1, \ 10, \ 4$$

解 $\overline{x} = \dfrac{1}{5}(8+12+1+10+4) = \dfrac{35}{5} = 7$ ● x の平均値

$\overline{x^2} = \dfrac{1}{5}(8^2+12^2+1^2+10^2+4^2) = \dfrac{325}{5} = 65$ ● x^2 の平均値

よって，分散 s^2 は $s^2 = 65 - 7^2 = \mathbf{16}$ ● $(x^2$ の平均値$)-(x$ の平均値$)^2$

標準偏差 s は $s = \sqrt{16} = \mathbf{4}$ ● $\sqrt{\text{分散}}$

エクセル 分散 $s^2 \ \Rightarrow \ s^2 = (x^2$ の平均値$)-(x$ の平均値$)^2$

標準偏差 $s \ \Rightarrow \ s = \sqrt{(\text{分散})} = \sqrt{(x^2 \text{ の平均値})-(x \text{ の平均値})^2}$

例題107 相関係数 閾264

右の表は，5人の生徒の英語と数学の小テストの結果である。英語の得点 x と数学の得点 y の相関係数を小数第2位まで求めよ。

番号	1	2	3	4	5
英語	6	8	5	8	6
数学	7	6	4	8	5

解 $\overline{x} = \dfrac{1}{5}(6+8+5+8+6) = 6.6\,(\text{点})$, $\overline{y} = \dfrac{1}{5}(7+6+4+8+5) = 6\,(\text{点})$ であるから，次の表が作成できる。

番号	x	y	$x-\overline{x}$	$y-\overline{y}$	$(x-\overline{x})^2$	$(y-\overline{y})^2$	$(x-\overline{x})(y-\overline{y})$
1	6	7	-0.6	1	0.36	1	-0.6
2	8	6	1.4	0	1.96	0	0
3	5	4	-1.6	-2	2.56	4	3.2
4	8	8	1.4	2	1.96	4	2.8
5	6	5	-0.6	-1	0.36	1	0.6
計	33	30	0	0	7.2	10	6

上の表から，相関係数 r は $r = \dfrac{6}{\sqrt{7.2}\sqrt{10}} = \dfrac{6}{6\sqrt{2}} = \dfrac{\sqrt{2}}{2} \fallingdotseq \mathbf{0.71}$

別解 $s_x = \sqrt{\dfrac{7.2}{5}} = 1.2$ ● x の標準偏差 $\qquad s_y = \sqrt{\dfrac{10}{5}} = \sqrt{2}$ ● y の標準偏差

$s_{xy} = \dfrac{6}{5} = 1.2$ ● x と y の共分散$=(x-\overline{x})(y-\overline{y})$ の平均値

よって，相関係数 r は $r = \dfrac{s_{xy}}{s_x s_y} = \dfrac{1.2}{1.2 \times \sqrt{2}} = \dfrac{\sqrt{2}}{2} \fallingdotseq \mathbf{0.71}$

エクセル 相関係数 $r \ \Rightarrow \ r = \dfrac{s_{xy}}{s_x s_y} = \dfrac{x \text{ と } y \text{ の共分散}}{(x \text{ の標準偏差}) \times (y \text{ の標準偏差})}$

$$= \dfrac{(x-\overline{x})(y-\overline{y}) \text{ の総和}}{\sqrt{\{(x-\overline{x})^2 \text{ の総和}\}}\sqrt{\{(y-\overline{y})^2 \text{ の総和}\}}}$$

*262 次のデータは，6 人が参加したゲームの得点 x である。 ↩ 例題106

$$6, \quad 3, \quad 2, \quad 8, \quad 6, \quad 5 \quad （点）$$

(1) 得点の平均値 $\overline{x}$ を求めよ。

(2) 各得点の 2 乗の平均値 $\overline{x^2}$ を求めよ。

(3) 得点の分散 s^2 と標準偏差 s を求めよ。

263 右の表は，10 人の生徒が 1 か月間に読んだ
本の冊数をまとめたものである。冊数の分散と
標準偏差を求めよ。 ↩ 例題106

冊数	1	2	3	4	計
人数	2	4	3	1	10

*264 右の表は，8 人の生徒が受験し
た 2 種類のテスト A，B の結果で
ある。 ↩ 例題107

テスト A	3	8	1	4	8	3	10	3
テスト B	6	7	5	7	10	4	10	7

(1) テスト A，B の得点の平均値と標準偏差を求めよ。

(2) テスト A，B のうち，得点の平均値からの散らばりの度合いが大きいの
はどちらか。

(3) テスト A，B の得点の相関係数を小数第 3 位で四捨五入して求めよ。

B

265 次のとき，a の値と平均値を求めよ。 ↩ 例題106

(1) 4 個のデータ： 7, 9, a, $4-a$
の分散が 10 である

(2) 5 個のデータ： 3, 5, 7, a, $4a$
の標準偏差が 2 である

266 右の表は，50 人の生徒を A，B の 2
つのグループに分けて行った試験の得
点の結果である。このとき，生徒全体
の得点の平均値と標準偏差を求めよ。

	人数	平均点	標準偏差
A	20	80	5
B	30	70	15

ヒント **266** A，B の点数の 2 乗の合計をそれぞれ u，v とすると，全体の標準偏差は
$\sqrt{\dfrac{u+v}{20+30}-（全体の平均値）^2}$ である。u は $\sqrt{\dfrac{u}{20}-80^2}=5$ から求める。

40 データの相関（2）／仮説検定

例題108　相関係数と散布図　　　　類268

右の①〜③は，ある2つの
変量 x, y の散布図である。
それぞれの x と y の相関係
数は，0.75，0.13，-0.61 の
いずれかである。各データの
相関係数を答えよ。

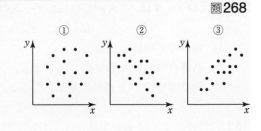

解　散布図より

①は相関がみられない。　　　　　　　　◯ 点が直線的に分布していない

②は負の相関がある。　　　　　　　　　◯ 点が直線的に右下がりに分布している

③は正の相関がある。　　　　　　　　　◯ 点が直線的に右上がりに分布している

よって，相関係数は　①　**0.13**　②　**-0.61**　③　**0.75**

> **エクセル**　相関係数 ➡ 正ならば傾きが正の直線の近くに，負ならば傾きが負の直線
> の近くに点が分布する。0 に近いときは相関がない

例題109　仮説検定　　　　類269

ある工場では，これまで製品 1000 個あたりの不良品の個数の平均値が 8 個，
標準偏差が 1.2 個であった。機械を改良して製品を作ったところ，1000 個あ
たりの不良品が 5 個であった。このとき，改良に意味があったといえるだろ
うか。棄却域を「平均値から標準偏差の 2 倍以上離れた値が不良品の個数と
なること」として，仮説検定を用いて判断せよ。

解　検証したいことは「改良に意味があった」かどうかであるから

「改良に意味がなかった」　　　　　　◯「検証したいこと」の反対を仮説にする

と仮説を立てる。

棄却域は　　　　　　　　　　　　　　◯「めったに起こらないこと」と判定される値の範囲

「平均値から標準偏差の 2 倍以上離れた値が不良品の個数となること」

であるから，$8-2\times1.2=5.6$ より　　◯ $8+2\times1.2=10.4$ より「10.4 個以上」

棄却域は「5.6 個以下」である。　　　　　も棄却域になり得るが，改良に意味が
　　　　　　　　　　　　　　　　　　　あったかを考えるので，不良品の個数

「5 個」は棄却域に含まれる　　　　　　が減る側だけを考える

から仮説は棄却される。

よって，改良に意味があったといえる。

> **エクセル**　仮説は ➡「検証したいこと」とは反対の事柄
> 棄却域は ➡「めったに起こらないこと」と判定できる値の範囲

267 2つの変量 x, y について，x の分散は 2.5，y の分散は 3.6，x と y の共分散は -2.28 であるとき，次の問いに答えよ。

(1) x と y の相関係数を求めよ。

(2) x と y の間にはどのような相関があるか。次の①～③から1つ選べ。

　　① 正の相関がある。　　② 負の相関がある。　　③ 相関はない。

*268 右の図は，10人の生徒が受験した2種類のテスト A，B の得点の散布図である。また，A，B の得点の平均値はそれぞれ 60 点，50 点である。　　　　　　↪例題108

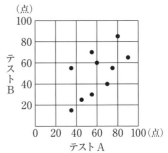

(1) A，B の得点の相関係数に最も近い値を，次の中から1つ選べ。

　　-1.2　-0.9　-0.6　0.0　0.6　0.9　1.2

(2) A，B の得点をそれぞれ x，y とするとき，不等式 $(x-60)(y-50)<0$ を満たすような生徒は何人いるか。

(3) この散布図から読み取れる内容として正しいものを，次の①～⑤からすべて選べ。

　　① A，B の最高得点は同じ生徒である。

　　② A，B それぞれの平均値より高い得点の生徒は A の方が B より多い。

　　③ 得点の四分位範囲は B の方が A よりも大きい。

　　④ 得点の標準偏差は A の方が B よりも小さい。

　　⑤ A の得点が高いほど，B の得点も高い傾向がある。

*269 ある通販商品のこれまでの1日あたりの注文個数の平均値が 2517.6 個，標準偏差が 34.9 個であった。本日の注文個数が次の場合であったとき，これまでと比べて注文個数が増えた，あるいは減ったといえるだろうか。棄却域を「これまでの1日あたりの注文個数の平均値から標準偏差の2倍以上離れた値となること」として，仮説検定を用いて判断せよ。　　　　　↪例題109

(1) 2591 個　　　　　　　　　　　　(2) 2453 個

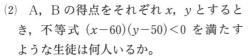

ヒント **267** (2) 相関係数 r が，$r>0.5$ ならば正の相関，$r<-0.5$ ならば負の相関，r が 0 に近いならば相関はない。

　　　268 (2) 2直線 $x=60$，$y=50$ で分割された4つの領域のどこにある点かを考える。

5章

データの分析

Step UP 例題110　変量の変換

変量 x のデータの平均値が $\bar{x}=5$，標準偏差が $s_x=2$ であるとき，
$u=4x-3$ で定められる変量 u の平均値 $\bar{u}$，標準偏差 s_u を求めよ。

解　$\bar{u}=4\bar{x}-3=4\times5-3=\mathbf{17}$，$s_u=|4|s_x=4\times2=\mathbf{8}$

エクセル　変量 $u=ax+b$ の平均値 $\bar{u}$，標準偏差 s_u ➡ $\bar{u}=a\bar{x}+b$，$s_u=|a|s_x$

***270**　25 点満点の試験を実施したところ，平均値は 12.8 点，分散は 9 であった。得点調整のため，受験者全員の得点を 4 倍して，さらに 10 点を加えた。このとき，得点調整後の平均値，分散，標準偏差を求めよ。

Step UP 例題111　データの修正

4 個のデータ：4，5，7，8 について，データの記録ミスがあり，正しくは 4 が 3 で，7 が 8 であった。この修正をすると，このデータの平均値，分散は修正前から増加するか，減少するか，変化しないかを答えよ。

解　修正後のデータの総和は変わらないから　　　　　　　　　◀ 4→3 (-1), 7→8 $(+1)$

　　平均値は修正前と変化しない

　データの平均は 6 であり，修正したデータの偏差の 2 乗の和は

　　修正前：$(4-6)^2+(7-6)^2=5$，　修正後：$(3-6)^2+(8-6)^2=13$

　となり，修正後の方が増加しているから，分散は増加する

　別解　修正前のデータの最小値と最大値が，修正によって，ともに平均値 6 から

　　離れるから，分散は修正前より増加する

エクセル　平均値の変化は　➡　修正後の総和の変化に着目する

　　　　　　分散の変化は　➡　修正後の偏差の 2 乗の総和に着目する

***271**　次のデータは，ある 11 人のゲームの得点の記録である。

　　　　13，11，25，14，3，17，8，12，27，11，13　（点）

(1)　このデータの平均値を求めよ。

(2)　外れ値とみなせる値があれば答えよ。

(3)　データの記録ミスがあり，3 点は 9 点に，27 点は 21 点に修正した。この修正後のデータの平均値，分散は修正前から増加するか，減少するか，変化しないかを答えよ。

(4)　(3)の修正後に他の 1 人の得点である 14 点を加えた。このとき，12 人のデータの平均値，分散は加える前と比べて増加するか，減少するか，変化しないかを答えよ。

　右のデータは，2つのゲームに参加した 10 人の
得点の結果である。それぞれの得点 x，y の散布
図として適切なものを，下の①〜④から1つ選べ。
また，x，y それぞれの箱ひげ図として適切なもの
を，下のア〜クから1つずつ選べ。

	標準偏差	共分散
x	5.0	13.5
y	3.6	

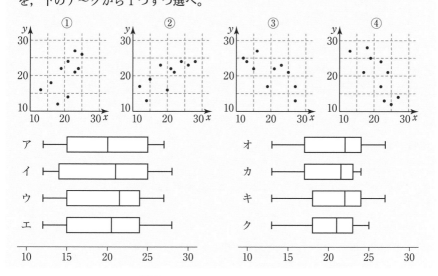

解　相関係数 r は　$r = \dfrac{13.5}{5.0 \times 3.6} = 0.75$　より　正の相関があるから

　①，②のいずれかである。　　　　　　　　　　　　🔵 傾きが正の直線の近くに点が分布しているもの

　さらに，x の標準偏差が y より大きいから　　　②　　🔵 x のばらつきが y より大きいもの

　x の最小値 12，最大値 28，$Q_1 = 15$，$Q_2 = 20.5$，$Q_3 = 24$　より　**エ**

　y の最小値 13，最大値 24，$Q_1 = 17$，$Q_2 = 21.5$，$Q_3 = 23$　より　**カ**

エクセル　散布図 ➡ 相関係数から点の分布が直線的に右上がり・右下がりか，
　　　　　　　　　標準偏差からばらつきの度合いを比較する

　　　　　　箱ひげ図 ➡ 散布図から最小値，最大値，Q_1，Q_2，Q_3 を読み取る

---

*272　右のデータは，2つのゲームに参加した 10 人
の得点の結果である。それぞれの得点 x，y の散
布図として適切なものを，Step UP 例題 112 の

	標準偏差	共分散
x	4.0	-17.2
y	5.6	

①〜④から1つ選べ。また，x，y それぞれの箱ひげ図として適切なものを，
ア〜クから1つずつ選べ。

復習問題

数と式

1 次の式を展開せよ。

(1) $(x-2y+z)^2$

(2) $(a+2b-3c)(a-2b-3c)$

(3) $(x+2y)^2(-x+2y)^2$

(4) $(a-1)(a-2)(a-3)(a-4)$

2 次の式を因数分解せよ。

(1) $6x^3-11x^2y-10xy^2$

(2) $x^2-2xy+y^2-4z^2$

(3) $(x^2+2)(x^2-3)-6$

(4) $3x^2-3y^2-7x-5y+2$

3 $\sqrt{11-6\sqrt{2}}$ の整数部分を a, 小数部分を b とするとき, 次の式の値を求めよ。

(1) a

(2) b

(3) $b^2+\dfrac{1}{b^2}$

4 $x=\dfrac{1}{\sqrt{5}+2}$, $y=\dfrac{1}{\sqrt{5}-2}$ のとき, 次の式の値を求めよ。

(1) $x+y$

(2) xy

(3) x^2+y^2

5 不等式 $3|x-1| \leqq -x+7$ を満たす整数 x をすべて求めよ。

集合と論証

6 $A=\{4, 7, a\}$, $B=\{2, a+1, 2a\}$ について, $A \cap B=\{4, b\}$ $(b \neq 4)$ のとき, 定数 a, b の値と $A \cup B$ を求めよ。

7 次の命題の真偽を調べ, 真のときは証明し, 偽のときは反例をあげよ。

(1) $|x|=|y|$ ならば, $x^2=y^2$

(2) 整数 n について, n^2 が偶数ならば, n も偶数である。

(3) 「xy または $x+y$ が有理数」ならば, 「x または y が有理数」

思考力 **8** 条件 $p: -1<x<4$, $q: |x-1|<a$ $(a>0)$ について, 次の条件を満たす定数 a の値の範囲を下の①〜⑧から1つずつ選べ。

(1) p が q であるための必要条件になるのは $\boxed{}$ のときである。

(2) p が q であるための十分条件になるのは $\boxed{}$ のときである。

(3) p が q であるための必要条件でも十分条件でもないのは $\boxed{}$ のときである。

① $0<a<2$　　② $0<a \leqq 2$　　③ $a>2$　　④ $a>3$

⑤ $a \geqq 3$　　⑥ $2<a<3$　　⑦ $2 \leqq a<3$　　⑧ $2<a \leqq 3$

2次関数

9 放物線 $y=\dfrac{1}{2}x^2$ を平行移動し，2点 $(-2, 0)$，$(4, 0)$ を通るようにしたい。どのように平行移動すればよいか。

10 次の条件を満たすように，定数 a の値の範囲を求めよ。
(1) 関数 $y=2x^2+4ax+3$ $(-2\leqq x\leqq 1)$ が $x=1$ のとき最大値をとる。
(2) 関数 $y=-x^2+2x+1$ $(0<x\leqq a)$ が $x=a$ のとき最大値をとる。

11 関数 $y=3x^2+6x-2$ $(a\leqq x\leqq a+2)$ の最大値と最小値の差が 9 であるとき，定数 a の値を求めよ。

12 2次関数 $y=x^2+2(m-1)x+m^2-3$ について，次の問いに答えよ。
(1) 頂点の座標を m を用いて表せ。
(2) x 軸と2点で交わるとき，m の値の範囲を求めよ。
(3) x 軸と2点で交わるとき，x 軸との交点の座標を m を用いて表せ。
(4) x 軸と接するとき，m の値と接点の座標を求めよ。

13 すべての実数 x について，$-x^2+3x-3<0$ が成り立つことを示せ。

14 2次方程式 $x^2-mx+m^2-5m=0$ が，1 より大きい異なる2つの解をもつとき，定数 m の値の範囲を求めよ。

思考力 **15** y は x の関数であり，$y=-x^2+3x+5$ と表される。
x は t の関数であり，t がすべての実数値をとるとき，y の最大値は 1 であるという。
x と t の関係式は①と②のどちらが適当か。
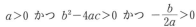
① $x=t^2-4t+7$　　　　② $x=-t^2-2t-2$

16 2次関数 $y=ax^2+bx+c$ が次の条件を満たすとき，そのグラフとして適するものを下の①〜④から1つ選べ。

$$a>0 \ \text{かつ} \ b^2-4ac>0 \ \text{かつ} \ -\dfrac{b}{2a}>0$$

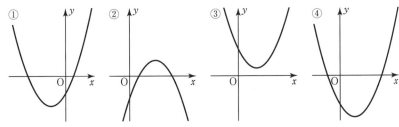

17 下の図において，$\sin A$，$\cos A$，$\tan A$ の値をそれぞれ求めよ。

(1)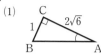

(2)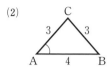

18 $0°<\theta<90°$ のとき，$\cos\theta=\dfrac{3}{4}$ を満たす θ の大きさとして適するものを，次の①〜④から１つ選べ。

① $0°<\theta<30°$　② $30°<\theta<45°$　③ $45°<\theta<60°$　④ $60°<\theta<90°$

19 $0°\leqq\theta\leqq180°$ とする。$\sin\theta$，$\cos\theta$，$\tan\theta$ のうち１つが次のように与えられたとき，他の２つの値を求めよ。

(1) $\sin\theta=\dfrac{1}{\sqrt{6}}$

(2) $\tan\theta=-3$

20 $0°\leqq\theta\leqq180°$ のとき，次の方程式，不等式を解け。

(1) $\cos\theta=\dfrac{\sqrt{3}}{2}$

(2) $\tan\theta=-1$

(3) $2\sin\theta-\sqrt{3}<0$

21 $0°\leqq\theta\leqq180°$ のとき，関数 $y=-\sin^2\theta+\cos\theta+1$ の最大値，最小値を求めよ。また，そのときの θ の値を求めよ。

22 原点を通り，直線 $y=-\sqrt{3}\,x$ と $60°$ の角をなす直線の方程式を求めよ。

思考力 **23** 川を隔てた対岸の２地点 P，Q 間の距離を，川を渡らずに求めるため，右の図のように AB＝100m とし，角度を測ると

　$\angle BAP=90°$，$\angle BAQ=60°$，$\angle ABP=45°$，$\angle ABQ=75°$ であった。このとき，次の距離を求めよ。

(1) BQ　　　(2) PQ

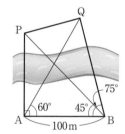

24 １辺の長さが６の正四面体 OABC において，辺 OA の中点を L とし，辺 OB 上に OM＝4 となる点 M，辺 OC 上に ON＝2 となる点 N をとる。このとき，△LMN の面積を求めよ。

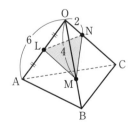

データの分析

25 次の 10 個のデータについて答えよ。

13, 11, 6, 13, 12, 18, 13, 9, 11, 14

(1) このデータの中央値，最頻値を求めよ。

(2) このデータの平均値，分散，標準偏差を求めよ。

(3) このデータの外れ値とみなせる値を答えよ。

(4) このデータから外れ値を除いた後の平均値と分散は，除く前と比較して増加するか，減少するか，変化しないかを答えよ。

26 右の箱ひげ図は，A店，B店，C店の 1 日の来店者数を 31 日間調べたデータを表したものである。

(1) 1 日の来店者数が 350 人以上の日が 8 日以上あったのはどの店か。

(2) 1 日の来店者数が 300 人未満の日が 16 日以上あったのはどの店か。

(3) B店について，1 日の来店者数が 250 人未満の日は最大で何日あった可能性があるか。また，最小で何日あった可能性があるか。

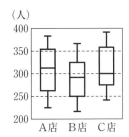

（人）

数
I

復習問題

27 右のデータについて，x と y の分散は等しく，y の平均値は x の平均値より 1 大きい。また，x と y の相関係数が 0.6 である。

x	5	1	4	2
y	6	a	3	b

(1) x と y の共分散 s_{xy} を求めよ。　　(2) a，b の値を求めよ。

思考力 28 次のデータは，S 市の昨年まで 10 年間の 8 月の平均気温（℃）である。

28.3, 27.9, 28.0, 29.3, 26.8, 29.4, 28.0, 26.3, 27.9, 28.1

このデータを用いて，S 市の今年の 8 月の平均気温が例年より高かったといえるかを，仮説検定を用いて判断したい。

(1) 昨年まで 10 年間の 8 月の平均気温の平均値と標準偏差を求めよ。

(2) 検証したいこととは反対の事柄となる仮説を立て，判断に用いる棄却域を設定せよ。ただし，棄却域は平均値から標準偏差の 2 倍以上離れた値とする。

(3) S 市の今年の 8 月の平均気温が 30.0℃ であった。今年の 8 月の平均気温は例年より高かったといえるか。仮説検定を用いて判断せよ。

29 下の表は，20 人が行った 2 つのゲームの得点 x, y をまとめたものである。

番号	x	y	$x-\bar{x}$	$y-\bar{y}$	$(x-\bar{x})^2$	$(y-\bar{y})^2$	$(x-\bar{x})(y-\bar{y})$
1	11	9	2	-2	4	4	-4
2	8	13	-1	2	1	4	-2
⋮	⋮	⋮	⋮	⋮	⋮	⋮	⋮
20	7	10	-2	-1	4	1	2
合計	a	220	0	0	540	240	270
平均値	b	11	0	0	27.0	12.0	13.5
中央値	8.5	11	-0.5	0	10	4	3

(1) a, b の値を求めよ。　　　　　(2) 得点 x と y の相関係数を求めよ。

(3) x, y の散布図として適切なものを，下の①〜④から 1 つ選べ。

①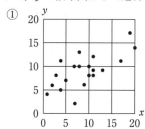

②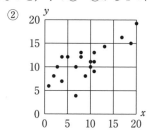

③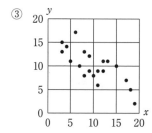

④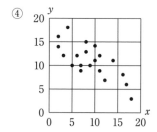

(4) 新しい変量 u, v を
$$u=x-3, \quad v=2y$$
で定めるとき，u, v の平均値 $\bar{u}$, $\bar{v}$ と標準偏差 s_u, s_v を求めよ。また u と v の相関係数 r を求めよ。

ヒント **29** (4) u と v の共分散 s_{uv} は
$$s_{uv}=\overline{(u-\bar{u})(v-\bar{v})}=\overline{\{(x-3)-(\bar{x}-3)\}(2y-2\bar{y})}$$
$$=2\overline{(x-\bar{x})(y-\bar{y})}=2s_{xy}$$

数学A

例題113 集合の要素の個数 國**273,275**

100 以下の自然数の中で 4 の倍数の集合を A, 6 の倍数の集合を B とする。このとき，次の集合の要素の個数を求めよ。

(1) A　　　(2) $A \cap B$　　　(3) $\overline{A}$　　　(4) $A \cap \overline{B}$

解 (1) $A = \{4 \times 1,\ 4 \times 2,\ 4 \times 3,\ \cdots,\ 4 \times 25\}$ より

$\qquad n(A) = \mathbf{25}$ （個）　　　　　　　　　　◀ $n(A)$ は集合 A の要素の個数

(2) $A \cap B$ は 4 と 6 の最小公倍数 12 の倍数の集合であるから

$\qquad A \cap B = \{12 \times 1,\ 12 \times 2,\ 12 \times 3,\ \cdots,\ 12 \times 8\}$ より

$\qquad n(A \cap B) = \mathbf{8}$ （個）

(3) $n(\overline{A}) = 100 - n(A) = \mathbf{75}$ （個）

(4) $n(A \cap \overline{B}) = n(A) - n(A \cap B) = 25 - 8 = \mathbf{17}$ （個）

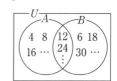

エクセル 補集合の要素の個数 ➡ $n(\overline{A}) = n(U) - n(A)$

例題114 2 つの集合の要素の個数 國**274,276**

40 人の人に A と B のクイズを出題したところ，A を正解した人は 23 人，B を正解した人は 18 人，A と B の両方とも正解した人は 7 人であった。A も B も正解しなかった人は何人か。

解 A，B を正解した人の集合をそれぞれ A，B とすると

$\qquad n(A) = 23,\ n(B) = 18,\ n(A \cap B) = 7$ であるから

$\qquad n(A \cup B) = n(A) + n(B) - n(A \cap B) = 23 + 18 - 7 = 34$

よって，A も B も正解しなかった人は　$40 - 34 = \mathbf{6}$ （人）

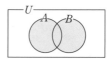

エクセル 2 つの集合の要素の個数 ➡ $n(A \cup B) = n(A) + n(B) - n(A \cap B)$

例題115 集合の要素の個数のとりうる範囲 國**277**

全体集合 U と，その部分集合 A, B について，$n(U) = 60$, $n(A) = 20$, $n(B) = 35$ であるとき，$n(A \cup B)$ のとりうる値の範囲を求めよ。

解 $n(A) < n(B)$ であるから，$n(A \cup B)$ の最小値は，

$\qquad A \subset B$ のときで　$n(A \cup B) = n(B) = 35$

$\qquad n(A) + n(B) < n(U)$ であるから，$n(A \cup B)$ の

最大値は，$A \cap B = \varnothing$ のときで

$\qquad n(A \cup B) = n(A) + n(B) = 20 + 35 = 55$

よって　$\mathbf{35 \leqq} \boldsymbol{n(A \cup B)} \mathbf{\leqq 55}$

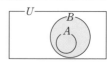

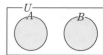

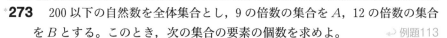

A

273 200 以下の自然数を全体集合とし，9 の倍数の集合を A，12 の倍数の集合を B とする。このとき，次の集合の要素の個数を求めよ。 ↪ 例題113

(1) A　　　　(2) B　　　　(3) $A \cap B$　　　　(4) $A \cup B$

(5) $\overline{B}$　　　　(6) $\overline{A} \cup \overline{B}$　　　　(7) $\overline{A} \cap B$　　　　(8) $A \cup \overline{B}$

274 40 人の生徒に，英語と国語の試験を行った。英語の合格者は 29 人，国語の合格者は 24 人，2 科目とも合格した者は 17 人であった。 ↪ 例題114

(1) 少なくとも 1 科目を合格した者は何人か。

(2) 2 科目とも不合格であった者は何人か。

(3) 英語のみ合格した者は何人か。

B

275 60 から 200 までの整数のうち，次のような数の個数を求めよ。

(1) 3 で割り切れる数 ↪ 例題113

(2) 5 で割り切れない数

(3) 3 でも 5 でも割り切れない数

(4) 3 か 5 のどちらか一方のみで割り切れる数

276 全体集合 U とその部分集合 A，B について，$n(U) = 60$，$n(A \cup B) = 35$，$n(A \cap B) = 10$，$n(A \cap \overline{B}) = 5$ であるとき，次の個数を求めよ。 ↪ 例題114

(1) $n(A)$　　　　(2) $n(B)$　　　　(3) $n(\overline{A} \cap B)$　　　　(4) $n(\overline{A} \cap \overline{B})$

277 全体集合 U と，その部分集合 A，B について，$n(U) = 100$，$n(A) = 74$，$n(B) = 68$ であるとき，$n(A \cap B)$，$n(A \cup B)$ のとりうる値の範囲をそれぞれ求めよ。 ↪ 例題115

278 1 から 300 までの整数のうち，次のような数の個数を求めよ。

(1) 2，3，7 のいずれでも割り切れる数

*(2) 2，3，7 の少なくとも 1 つで割り切れる数

(3) 2 で割り切れるが，3 でも 7 でも割り切れない数

ヒント **278** (2) 3 つの集合 A，B，C の要素の個数について，次の関係式が成り立つ。

$n(A \cup B \cup C) = n(A) + n(B) + n(C) - n(A \cap B) - n(B \cap C) - n(C \cap A) + n(A \cap B \cap C)$

43 場合の数

例題116 樹形図 類279

1，1，2，3，3 から 3 個を選んで作る 3 桁の整数は全部でいくつあるか。

解

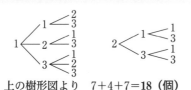

上の樹形図より　7＋4＋7＝**18**（個）

エクセル　樹形図 ➡ もれなく，重複なく，順序よく数え上げる

例題117 和の法則・積の法則 類280,281,285

大小 2 個のさいころを同時に投げるとき，次の場合の数を求めよ。

(1)　目の和が 4 の倍数　　　　(2)　目の和が偶数

解　(1)(i) 目の和が 4　(ii) 目の和が 8　(iii) 目の和が 12

大	1	2	3
小	3	2	1

3 通り

大	2	3	4	5	6
小	6	5	4	3	2

5 通り

大	6
小	6

1 通り

よって，(i)，(ii)，(iii)より，和の法則から

3＋5＋1＝**9**（通り）

(2)　目の和が偶数となるのは，次の(i)，(ii)の場合である。

(i)　両方の目が偶数　3×3＝9（通り）　◖積の法則

(ii)　両方の目が奇数　3×3＝9（通り）　◖積の法則

よって，(i)，(ii)より，求める場合の数は

9＋9＝**18**（通り）　　　　　　　　　　◖和の法則

> **和・積の法則**
>
> 事柄 A と B の起こる場合がそれぞれ m，n 通りあるとき，
> (i)　和の法則
> 　A と B が同時には起こらないとき，A または B の起こる場合の数は
> 　　　$m＋n$ 通り
> (ii)　積の法則
> 　A と B がともに起こる場合の数は
> 　　　$m×n$ 通り

エクセル　和／積が○○となる場合の数 ➡ まずは条件に合う目の組合せを考える

例題118 約数の個数 類282,286

720 の正の約数の個数を求めよ。

解　素因数分解すると，$720＝2^4 \cdot 3^2 \cdot 5$ であるから，720 の正の約数は

$2^l \cdot 3^m \cdot 5^n$　$(l＝0，1，2，3，4；m＝0，1，2；n＝0，1)$

の形で表される。

よって，求める個数は　$(4＋1)(2＋1)(1＋1)＝5×3×2＝$**30**（個）

◖$l＝0$，$m＝0$，$n＝0$
のときの 2^0，3^0，5^0
は 1 を表す

エクセル　素因数分解された $a^l \cdot b^m \cdot c^n$ の約数の個数 ➡ $(l＋1)(m＋1)(n＋1)$ 個

***279** AとBの2チームが試合を行い，先に3勝した方を優勝とする。
Aが優勝する場合の優勝の決まり方は何通りあるか。　　　↩ 例題116

***280** 次の場合の数を求めよ。　　　↩ 例題117
- (1) $(x+y+z)(a+b+c+d)(p+q)$ を展開したときの項の個数を求めよ。
- (2) 赤色，青色，黄色の3個のさいころを同時に投げるとき，目の出方は何通りあるか。

281 大小2個のさいころを投げるとき，次の場合は何通りあるか。　↩ 例題117
- (1) 目の和が8の約数
- (2) 目の積が9の倍数
- (3) 目の和が奇数
- (4) 目の積が偶数

282 次の数の正の約数の個数とその和を求めよ。　　　↩ 例題118
- *(1) 288
- (2) 375
- *(3) 504

283 $2x+y+z=8$ を満たす自然数 x, y, z の組の個数を次の場合に答えよ。
- *(1) すべての場合の個数
- (2) x, y, z はすべて異なる自然数

284 3桁の自然数のうち，各位の数字の積が次のような場合は何通りあるか。
- (1) 奇数
- (2) 偶数
- *(3) 3の倍数

285 右の図のように，A，B，C，D，Eの町とその町
を結ぶ道がある。次の場合の行き方は何通りあるか。
ただし，途中で直前に訪れた町に戻らないとする。
- (1) AからEに行く。　　　↩ 例題117
- (2) AからEに行き，Aに戻る。ただし，同じ道を
2回通らない。

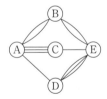

286 360の正の約数について，次のような数の個数を求めよ。　↩ 例題118
- (1) 偶数
- *(2) 5の倍数でない数

***287** 次の硬貨の一部または全部を用いて，つり銭をもらわないで支払える
金額は何通りあるか。
- (1) 10円硬貨が6枚，100円硬貨が4枚，500円硬貨が2枚
- (2) 10円硬貨が4枚，100円硬貨が6枚，500円硬貨が2枚

44 順列（1）

　先生 3 人，生徒 4 人の合計 7 人が 1 列に並ぶとき，次の並び方は何通りあるか。

(1)　すべての並び方　　(2)　先生 3 人が続いて並ぶ　　(3)　先生と生徒が交互に並ぶ

解　(1)　異なる 7 個のものから，7 個全部を取って
　　　　　　並べる順列であるから
$$_7P_7=7!=7\cdot6\cdot5\cdot4\cdot3\cdot2\cdot1=5040 \text{（通り）}$$

　　　(2)　先生をまとめて 1 人と考えると，5 人が
　　　　　　並ぶ順列で 5! 通り
　　　　　　その各々の場合に，先生の
　　　　　　並び方が 3! 通りあるから
$$5!\times3!=120\times6=720 \text{（通り）}$$

> **順列**
>
> 異なる n 個のものから r 個
> 取る順列
> $$_nP_r=\dfrac{n(n-1)\cdots(n-r+1)}{r \text{個}}$$
> (注)　$_nP_n=n!$（n の階乗）
> 　　　$=n(n-1)(n-2)\cdots3\cdot2\cdot1$
> とくに，$0!=1$，$_nP_0=1$ と
> 定める。

5!通り
先 先 先｜生 生 生 生
生 生 生｜徒 徒 徒 徒
3!通り

　　　(3)　生徒の並び方が 4! 通り，その各々の場合に，
　　　　　　生徒の間に先生が入る並び方が 3! 通りあるから
$$4!\times3!=24\times6=144 \text{（通り）}$$

4!通り
生 ↑ 生 ↑ 生 ↑ 生
徒 　 徒 　 徒 　 徒
　 先 　 先 　 先
　 生 　 生 　 生
3!通り

エクセル　隣り合う順列 ➡ 隣り合うものは 1 つとみなす。その中での並べかえに注意

　0，1，2，3，4 の 5 個の数字のうち，異なる 4 個の数字を用いて，4 桁の整
数を作るとき，次の数は何個あるか。

(1)　すべての整数　　　　　　(2)　偶数　　　　　　(3)　2130 より大きい数

解　(1)　千の位には，0 以外の数字が入るから，選び方は 4 通り
　　　　　　百，十，一の位には，残り 4 個の数字から 3 個選んで並べる
　　　　　　から，求める個数は　$4\times{}_4P_3=4\times(4\cdot3\cdot2)=96 \text{（個）}$

千 百 十 一
↑ ■ ■ ■
4通り　₄P₃ 通り

　　　(2)　一の位は，0，2，4 のいずれかである。

　　　(i)　0 のとき，千，百，十の位は，残り 4 個のうち 3 個を並べればよい。

　　　(ii)　2，4 のとき，千の位は，0 以外の残り 3 個の 3 通り。百，十の位は残り 3 個
　　　　　　から 2 個を並べればよい。

　　　　　よって　$_4P_3+2\times(3\times{}_3P_2)=4\cdot3\cdot2+2\times3\times3\cdot2=24+36=60 \text{（個）}$

　　　(3)　213□　1 個　　　　　　214□　2 個

2 3 △□
2 4 △□ ⎬ $2\times(3\cdot2)=12$（個）

3 ○△□
4 ○△□ ⎬ $2\times{}_4P_3=2\times(4\cdot3\cdot2)=48$（個）

　　　　　よって，求める個数は　$1+2+12+48=63 \text{（個）}$

エクセル　偶数・奇数は，一の位に注目。0 がある場合は最高位に注意

98

A

288 次の値を求めよ。ただし，(5)の n は $n \geqq 2$ の整数とする。

(1) $_7\mathrm{P}_2$　　(2) $_9\mathrm{P}_3$　　(3) $_8\mathrm{P}_4$　　(4) $_5\mathrm{P}_1$　　(5) $_n\mathrm{P}_2$

289 次のような場合は何通りあるか。

(1) TRIANGLE の 8 個の文字を 1 列に並べる並べ方

*(2) 10 人の中から委員長，会計，書記を選ぶ選び方

(3) 異なる 6 冊の本から，1 冊ずつ 4 人の子どもに与える方法

***290** 選手 5 人と審判 3 人が 1 列に並ぶとき，次の並び方は何通りあるか。

(1) 選手 5 人が続いて並ぶ　　　　(2) 審判が両端にくる　　⤷ 例題119

291 0，1，2，3，4，5，6 の 7 個の数字のうち，異なる 3 個の数字を用いて，3 桁の整数を作るとき，次の数は何個あるか。　　⤷ 例題120

(1) すべての整数　　　　　　(2) 奇数

*(3) 偶数　　　　　　　　　*(4) 430 より大きい数

B

292 A，B，C，D の 4 組の大人と子ども，合計 8 人を 1 列に並べるとき，次のような並べ方は，何通りあるか。　　⤷ 例題119

(1) A と B の組の子どもが隣り合わない

*(2) 組に関係なく大人と子どもが交互に並ぶ

(3) 同じ組の大人と子どもがすべて隣り合う

293 0，1，2，3，4，5 の 6 個の数字のうち，異なる 4 個の数字を用いて，4 桁の整数を作るとき，次の数は何個あるか。　　⤷ 例題120

*(1) 10 の倍数　　(2) 5 の倍数　　*(3) 3 の倍数　　(4) 9 の倍数

***294** CHAMPION の 8 個の文字を 1 列に並べる。次の場合は何通りあるか。

(1) 3 個の母音字が隣り合う　　(2) どの母音字も隣り合わない

(3) 少なくとも一端に子音字がくる　(4) C と M の間に 2 文字が並ぶ

***295** ABCDE の 5 個の文字を横 1 列に並べてできる文字列を，アルファベット順の辞書式に ABCDE から EDCBA まで並べる。

(1) BADEC は何番目の文字列か。　(2) 55 番目の文字列は何か。

例題121　円順列　　　　　　　　　　類296,297,301

大人4人，子ども4人の合計8人が円卓に座るとき，次の座り方は何通りあるか。

(1) すべての座り方　　　(2) 特定のA，B2人が隣り合う

(3) 大人と子どもが交互に並ぶ　　　(4) 特定のA，B2人が向かい合う

解 (1) 8人の円順列であるから

$$(8-1)! = 7! = 5040（通り）$$

(2) 特定のA，B2人を1個にまとめると7個の
円順列であるから　$(7-1)! = 6!$（通り）
その各々の場合に，AとBの並べ方が　2!通り
よって　$6! \times 2! = 720 \times 2 = \mathbf{1440}$（通り）

(3) 右の図(3)のように，大人が円卓の●の場所に座る
方法は，4人の円順列で　$(4-1)! = 3! = 6$（通り）
その各々について，子ども4人の座り方は　4!通り
よって　$6 \times 4! = 6 \times 24 = \mathbf{144}$（通り）

(4) Aを固定すると，Bの座る場所が決まる。
残り6人の座り方を考えて　$6! = \mathbf{720}$（通り）

エクセル　円順列 ➡ 特定のものを固定して，残りは順列

> **円順列**
> n個のものを円形に並べる
> $$\frac{n!}{n} = (n-1)!$$

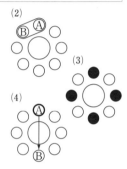

(2)

(3)

(4)

例題122　重複順列　　　　　　　　　　類298,300

次の場合の数は何通りあるか。

(1) 3種類の記号○，△，□を重複を許して4個並べる方法

(2) A，Bの2つの箱に異なる8個の球を入れる方法（ただし，どちらの箱にも少なくとも1個の球を入れるものとする）

解 (1) 異なる3個のものを重複を許して，
4個並べる順列であるから

$$3^4 = 81（通り）$$

(2) 異なる2個のものを重複を許して，
8個並べる順列であるから　$2^8 = 256$（通り）
このうち，すべての球がAに入る場合と
Bに入る場合を除いて　$256 - 2 = \mathbf{254}$（通り）

> **重複順列**
> 異なるn個のものから重複を許してr個取り出して並べた順列
> $$\underbrace{n \times n \times \cdots \times n}_{r個} = n^r$$

A

296 大人 2 人と子ども 3 人が円卓に座るとき，次の場合は何通りあるか。

*(1) すべての座り方　　　　　(2) 子ども 3 人が隣り合う　　← 例題121

*295 高校生 3 人と大学生 3 人が円形のテーブルのまわりに並ぶとき，高校生と大学生が交互に並ぶ並び方は何通りあるか。　　← 例題121

298 次の場合の数を求めよ。　　← 例題122

(1) 4 個の数字 1, 2, 3, 4 を重複を許して用いてできる 5 桁の整数の個数を求めよ。

*(2) 5 人が 1 回じゃんけんをするとき，グー，チョキ，パーの手の出し方は，何通りあるか。

*299 正五角錐の 6 面を 6 色で塗り分ける方法は何通りあるか。

B

*300 4 個の数字 0, 1, 2, 3 を用いてできる次の整数は何個あるか。ただし，同じ数字を繰り返し用いてもよいものとする。　　← 例題122

(1) 3 桁の整数　　　　　(2) 5 桁の奇数

(3) 0 が少なくとも 1 つ用いられている 4 桁の整数

301 1 年生 2 人，2 年生 3 人，3 年生 3 人の合計 8 人が，円形のテーブルに座り，学校祭に向けての打ち合わせを行った。次の並び方は，何通りあるか。

(1) 1 年生，2 年生，3 年生がそれぞれ同学年どうしで並ぶ　　← 例題121

*(2) 1 年生 2 人が向かい合う

(3) 1 年生 2 人の間に 2 人の生徒が入る

(4) どの 3 年生も隣り合わない

302 右の図のようなテーブルに a〜f の 6 人で座る。

(1) 座り方は何通りあるか。

(2) a，b が向かい合うのは何通りか。

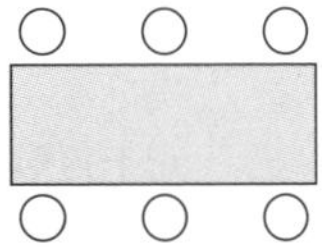

*303 5 個の数字 1, 2, 3, 4, 5 を用いてできる 4 桁の整数のうち，4300 より大きいものは何個あるか。ただし，同じ数字を繰り返し用いてもよいものとする。

*304 次の場合は何通りあるか。

(1) 異なる 5 色の球を円形につないで首飾りを作る方法

(2) 正六角柱の 8 面を 8 色で塗り分ける方法

46 組合せ(1)

例題123 **組合せと積の法則**　　　　　　　　　　　　　　　　類**306**

生徒 8 人，先生 4 人の計 12 人の中から 6 人の代表を選ぶとき，次のような選び方は何通りあるか。

(1) すべての選び方　　　　　(2) 生徒から 3 人，先生から 3 人を選ぶ

(3) 特定の 2 人 A，B は必ず選ばれる　(4) 少なくとも 1 人は先生から選ばれる

解 (1) 異なる 12 個のものから 6 個取る組合せで

$$_{12}C_6=\frac{12\cdot11\cdot10\cdot9\cdot8\cdot7}{6\cdot5\cdot4\cdot3\cdot2\cdot1}=924\ \text{(通り)}$$

> **組合せ**
>
> 異なる n 個のものから r 個取る組合せ
> $$_{n}C_r=\frac{_{n}P_r}{r!}=\frac{n!}{r!(n-r)!}$$
> とくに，$_{n}C_0=1$ と定める

(2) 生徒の選び方が $_8C_3$ 通り，その各々について，
先生の選び方が $_4C_3$ 通り
よって，求める場合の数は
$$_8C_3\times_4C_3=56\times4=224\ \text{(通り)}$$
◉ 積の法則

(3) 特定の 2 人 A，B がすでに選ばれているので，残り 10 人の中から 4 人の委員を選べばよい。よって，求める場合の数は $_{10}C_4=210$ **(通り)**

(4) (1)のすべての選び方から，すべて生徒が選ばれる場合の数を引けばよい。
6 人すべてが生徒である選び方は　$_8C_6=_8C_2=28$ （通り）
よって，求める場合の数は　$924-28=896$ **(通り)**

◉ n と r が近いとき $_{n}C_r=_{n}C_{n-r}$ を使うと便利

エクセル　「生徒 3 人 かつ 先生 3 人」 ➡ かつ や さらに は，積の法則
　　　　　　「少なくとも 1 人を含む」 ➡ （総数）−（すべて含まない）

例題124 **組合せと多角形**　　　　　　　　　　　　　　　　類**307,309**

正十角形がある。3 つの頂点を結んでできる三角形は全部で何個あるか。
また，正十角形と辺を共有しない三角形は何個あるか。

解 10 個の頂点から，3 個の頂点を選ぶと 1 つの三角形ができる。
よって　$_{10}C_3=120$ **(個)**
正十角形と辺を共有する場合は，次の(i)，(ii)のどちらかである。

(i) 正十角形と 1 辺を共有する
1 つの辺に対して 6 個の三角形ができるので，
全部で $6\times10=60$ （個）

(ii) 正十角形と 2 辺を共有する
1 つの頂点に対して，1 個の三角形ができるので，全部で $1\times10=10$ （個）

(i)

(ii)

(i)，(ii)より，求める場合の数は　$120-(60+10)=50$ **(個)**

A

305 次の値を求めよ。ただし，(5)の n は $n \geqq 2$ の整数とする。

(1) $_9\mathrm{C}_2$ *(2) $_7\mathrm{C}_3$ (3) $_6\mathrm{C}_1$ *(4) $_4\mathrm{C}_4$ *(5) $_n\mathrm{C}_{n-2}$

***306** 大人 4 人，子ども 3 人の計 7 人の中から 3 人の出演者を選ぶとき，次のような選び方は何通りあるか。 ↩ 例題123

(1) 大人 2 人，子ども 1 人を選ぶ

(2) 特定の 2 人 A，B は必ず選ばれる

(3) 特定の 2 人 A，B のうち，A は選ばれ，B は選ばれない

(4) 少なくとも 1 人は子どもが選ばれる

***307** 次の場合の数を求めよ。 ↩ 例題124

(1) 正十角形の対角線は全部で何本引けるか。

(2) 右の図のように，円周上に 8 個の点がある。この点を結んで六角形を作るとき，全部で何個できるか。

308 1 から 20 までの整数から選んだ異なる 3 個の数の組を考えるとき，次のような組は何組あるか。

(1) 1 を含む   (2) 3 の倍数を 2 個含む

(3) 少なくとも 1 個は 2 桁の数が含まれる

B

***309** 正十二角形の 3 つの頂点を結んで三角形を作る。 ↩ 例題124

(1) 全部で何個あるか。   (2) 直角三角形は何個あるか。

(3) 正十二角形と辺を共有しない三角形は何個あるか。

(4) 正三角形でない二等辺三角形は何個あるか。

310 平面上に，縦に 8 本の平行線とそれらに垂直に交わる 6 本の平行線がある。

*(1) これらの平行線で，四角形は全部で何個あるか。

(2) すべての平行線が等間隔で並んでいるとき，正方形は何個あるか。

(3) 縦の平行線は 2 cm 間隔で，横の平行線は 3 cm の間隔で並んでいるとき，正方形でない長方形は何個あるか。

***311** 1 つの直線上に 6 点 A，B，C，D，E，F と，その直線に垂直でない他の直線上に 4 点 G，H，I，J がある。

これらの 10 個の点から 3 点を選んで三角形を作るとき，全部で何個できるか。

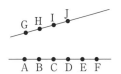

47 組合せ(2)

例題125 組分け

6人の生徒を次のように分ける場合の数を求めよ。

(1) 3人，2人，1人の3組 (2) 3人ずつA，Bの2組

(3) 3人ずつの2組

解 (1) 6人全員から3人を選ぶ選び方は ${}_6C_3$ 通り

残り3人から2人を選ぶ選び方は ${}_3C_2$ 通り

残り1人の選び方は ${}_1C_1$ 通り

このとき，組の人数が3人，2人，1人と異なっているので組の区別はつく。

よって ${}_6C_3 \times {}_3C_2 \times {}_1C_1 = 20 \times 3 \times 1 = 60$ **(通り)**

(2) 6人から3人の選び方は ${}_6C_3$ 通り

残り3人から3人の選び方は ${}_3C_3$ 通り

よって ${}_6C_3 \times {}_3C_3 = 20 \times 1 = 20$ **(通り)**

$$
\begin{array}{cc}
A & B \\
123 & - & 456 \\
456 & - & 123
\end{array} \Big\} \text{2!通り}
$$

A，Bの区別があれば，
異なる組分けになる

(3) 6人から3人の選び方は ${}_6C_3$ 通り

残り3人から3人の選び方は ${}_3C_3$ 通り

このとき，2組は区別がつかないので，2! で割る。

よって ${}_6C_3 \times {}_3C_3 \div 2! = 10$ **(通り)**

$$
\begin{array}{cc}
A & B \\
123 & - & 456 \\
456 & - & 123
\end{array} \Big\} \text{2!通り}
$$

A，Bの区別がないと，
同じ組分けになってし
まうから2! で割る

エクセル 「同じ人数」かつ「区別がつかない」 ➡ （組数）! で割る

例題126 同じものを含む順列

ASAKUSA の7個の文字を1列に並べる。次の並べ方は何通りあるか。

(1) すべての並べ方 (2) Sの2文字が続かない

解 (1) A 3個，S 2個の同じものを含む順列

であるから $\dfrac{7!}{3!2!1!1!} = 420$ **(通り)**

> **同じものを含む順列**
>
> $\dfrac{n!}{p!q!r!\cdots}$ $(p+q+r+\cdots=n)$

(2) Sの2文字が続く場合の数を求めて，全体から引けばよい。Sが2文字続く
のは，Sをまとめて1文字と考えると，A 3個の同じものを含む6個の順列で
あるから $\dfrac{6!}{3!1!1!1!} = 120$ （通り）

よって $420 - 120 = 300$ **(通り)**

別解 A 3個，K，U の5個を並べ，両端と間の6か所から2か所を選んでSを

入れると $\dfrac{5!}{3!} \times {}_6C_2 = 5 \times 4 \times \dfrac{6 \cdot 5}{2 \cdot 1} = 300$ **(通り)**

$\overset{\curvearrowleft}{A} \overset{\curvearrowleft}{A} \overset{\curvearrowleft}{A} \overset{\curvearrowleft}{K} \overset{\curvearrowleft}{U}$

エクセル （事柄 A の起こらない場合の数）＝（総数）－（事柄 A の起こる場合の数）

A

*__312__　8人の生徒を次のように分ける場合の数を求めよ。　　　　　↩ 例題125

(1)　4人ずつA，Bの2部屋　　　　(2)　4人ずつの2組

*__313__　次の並べ方は何通りあるか。　　　　　　　　　　　　　↩ 例題126

(1)　1，1，1，1，2，2，3，3，3の9個の数字を1列に並べる

(2)　successの7個の文字を1列に並べる

B

*__314__　12冊の異なる本を次のように分ける方法は何通りあるか。　　↩ 例題125

(1)　6冊，4冊，2冊の3組　　　　(2)　3人の子どもに4冊ずつ

(3)　4冊ずつの3組　　　　　　　(4)　3冊ずつの4組

(5)　5冊，5冊，2冊の3組　　　　(6)　2冊，2冊，4冊，4冊の4組

__315__　excellentの9個の文字を1列に並べる。次の並べ方は何通りあるか。

(1)　すべての並べ方　　　　　　　*(2)　eが3文字続かない　　↩ 例題126

(3)　3個のeがどれも隣り合わない

*__316__　右のような道を通って，A地点からB地点まで最短の
経路で行く。次の方法は何通りあるか。

(1)　すべての方法　　　(2)　Cを通る

(3)　CとDをともに通る　(4)　Cを通るがDを通らない

(5)　CまたはDを通る　　(6)　×を通らない

__317__　1から30までの30個の整数から，異なる2個を選ぶ。選んだ2数につい
て，次の場合の数を求めよ。

(1)　2数の和が偶数になる　　　　(2)　2数の積が偶数になる

*(3)　2数の和が3の倍数になる

*__318__　6個の赤球と5個の青球がある。これらを横1列に並べるとき，次の問い
に答えよ。ただし，同色の球は区別しないものとする。

(1)　並べ方の総数を求めよ。

(2)　左右対称になるものの総数を求めよ。

ヒント　__317__　(3)　1〜30までの数を3で割り切れる数，3で割ると1余る数，3で割ると2余る数に分
けて考える。

順列・組合せの応用（1）

Step UP 例題127 **順序が指定された場合の順列**

1から7までの7個の数を1列に並べるとき，偶数は小さい順に並ぶような並べ方は何通りあるか。

解 偶数2, 4, 6はこの順に並ぶから1, 3, 5, 7, ○, ○, ○を並べて，○の中に左から2, 4, 6を入れると考える。

よって $\dfrac{7!}{3!}=840$ **（通り）**   ◯◯3個の同じものを含む7個の順列

別解 7か所から3か所を選んで2, 4, 6と並べ，

残りの4か所に奇数を並べればよい。

よって $_7C_3 \times _4P_4 = 35 \times 24 = 840$ **（通り）**

---

*319 1から8までの8個の数を1列に並べるとき，次の並べ方は何通りあるか。

(1) 奇数は大きい順に並べる

(2) 1は2より左に，8は7より右にくるように並べる

Step UP 例題128 **区別のつくさいころと区別のつかないさいころ**

3個のさいころを同時に投げるとき，次の場合に，目の和が8になる場合の数を求めよ。

(1) さいころの区別がつかない　　　(2) さいころの区別がつく

解 (1) 区別のつかないさいころであるから，目の出方は

$(1, 1, 6), (1, 2, 5), (1, 3, 4), (2, 2, 4), (2, 3, 3)$

よって **5通り**

(2) 3個の区別がつくから，(1)で順序も考えると

区別がつくさいころでは順序による違いが出てくる

$(1, 1, 6), (2, 2, 4), (2, 3, 3)$ は $\dfrac{3!}{2!1!} \times 3 = 9$ （通り）

$(1, 2, 5), (1, 3, 4)$ は，$3! \times 2 = 12$ （通り）

よって **9+12=21（通り）**

---

*320 3個のさいころを同時に投げるとき，次の場合に，目の和が9になる場合の数を求めよ。

(1) さいころの区別がつかない　　　(2) さいころの区別がつく

---

321 a, a, a, b, b, c, c, dの8文字から6文字を取り出して並べるとき，次のような順列の数を求めよ。

(1) aを3個含む　　　(2) aを2個含む

Step UP 例題129　順列と塗り分け

赤，青，黄，緑，紫の絵の具を用いて右の図の5か所
の部分を塗り分ける方法は，次の場合に何通りあるか。
ただし，同じ色を2回使ってもよいが，隣り合う部分は
異なる色とする。

(1)　5色を使って塗り分ける

(2)　4色を使って塗り分ける

(3)　3色を使って塗り分ける

解　(1)　中心を塗るのは5通り

　　　　まわりを塗るのは，4色の円順列で

　　　　　　$(4-1)!=6$（通り）

　　　　よって　$5×6=30$（通り）

(1)　←まわりを塗るの
　　　は円順列
5通り

　　(2)　5色から4色を選ぶ選び方が $_5C_4=5$（通り）

　　　　4色のうち中心を塗る色の選び方は4通り

　　　　まわりは，2か所に同じ色を塗る，その色の選び方が3通り

　　　　残りの2か所は残った2色を塗り分けるから1通り

　　　　よって　$5×4×3=60$（通り）

(2)

　　(3)　5色から3色を選ぶ選び方が $_5C_3=10$（通り）

　　　　中心を塗るのは3通りで，まわりは，自動的に決まる。

　　　　よって　$10×3=30$（通り）

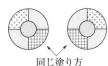

(3)

同じ塗り方

***322**　5色のうち何色かを使って，右の A，B，C，D，E の
部分を塗り分けるとき，その方法は何通りあるか。
ただし，同じ色を2回使ってもよいが，隣り合う部分は
異なる色とする。

	A		
B	C	D	E

323　右の図の7か所の部分を塗り分ける。
ただし，同じ色を2回以上使ってもよいが，隣り合う部分は
異なる色とする。次の場合は何通りあるか。

　　*(1)　7色を使って塗り分ける　　　　*(2)　6色を使って塗り分ける

　　(3)　4色を使って塗り分ける

***324**　立方体の6面を塗り分けたい。ただし，隣り合う面には，違う色を塗るも
のとする。次の場合は何通りあるか。

　　(1)　6色で塗り分ける　　　　　　　　(2)　5色で塗り分ける

順列・組合せの応用(2)

(1) 8人を A または B の 2 つの部屋に入れる方法は何通りあるか。ただし，1人も入らない部屋があってもよいとする。

(2) 8人を 2 つのグループ A，B に分ける方法は何通りあるか。

(3) 8人を 2 つのグループに分ける方法は何通りあるか。

解 (1) 1人について，A，B 2 通りの選び方がある。

よって $2^8 = 256$ （通り）

(2) (1)から「すべて A 部屋」，「すべて B 部屋」の 2 通りを除けばよい。

よって $256 - 2 = 254$ （通り）

(3) (2)で A，B のグループの区別がつかない場合であるから，2! で割ればよい。

よって $254 \div 2! = 127$ （通り）

- -

*325　4色で右の図の A，B，C，D の部分を塗り分けるとき，その方法は何通りあるか。

ただし，同じ色を何回使ってもよいが，隣り合う部分は異なる色とする。

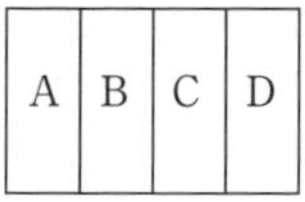

| A | B | C | D |

326　10人を 2 つの部屋 A，B に入れる。次の場合は何通りあるか。

(1) 1人も入れない部屋があってもよい

(2) どの部屋にも少なくとも 1 人は入る

*327　異なる色の 6 個のボールを 3 つの箱 A，B，C に入れる。次の場合は何通りあるか。

(1) 空き箱があってもよい

(2) 2 つの箱に空きがある

(3) 1 つの箱に空きがある

(4) どの箱にも 1 個は入る

328　8人の生徒がそれぞれ 3 人の先生のいずれかに 1 個プレゼントを贈るとき，贈り方は何通りあるか。ただし，どの先生も必ず 1 個はもらえるとする。

329　5人を A，B の 2 室に次のように入れる方法は何通りあるか。

(1) A 室に 3 人，B 室に 2 人入れる

(2) 3 人と 2 人に分けて，2 室に入れる

(3) 空室ができてもよいとして，何人かに分けて入れる

(4) 空室ができないように，何人かに分けて入れる

Step UP 例題131 　**重複組合せ**

x, y, z を0以上の整数とするとき，$x+y+z=9$ を満たす整数の組 (x, y, z) は全部で何個あるか。

解 9個のものを2本の仕切りで3つの部分に分け，各部分に含まれる個数を左から x, y, z の値とすればよい。よって，9個の○と2本の仕切り｜並べればよいので

$$\frac{11!}{9!2!}=55 \text{ (個)}$$

重複組合せ
n 個のものから r 個取る重複組合せの総数は $_{n+r-1}C_r$

別解 x, y, z の3文字から重複を許して9個を取り，それぞれの個数を x, y, z の値にすればよい。

$$_{3+9-1}C_9 = {}_{11}C_9 = {}_{11}C_2 = 55 \text{ (個)}$$

エクセル n 種類のものから重複を許して，r 個取る重複組合せは

➡ r 個の○と $n-1$ 本の仕切り｜を用意して同じものを含む順列で

* **330** $x+y+z=11$ を満たす組 (x, y, z) は次の場合に全部でいくつあるか。

(1) x, y, z は0以上の整数 　　　　(2) x, y, z は自然数

331 赤，青，黒のボールペンを取り混ぜて，12本入りセットを作りたい。どの色のボールペンも少なくとも1本入れるとき，その組み合わせ方は何通りあるか。

332 1000から9999までの自然数の中で，次のような数は何個あるか。

(1) 1212のように2種類の数字からなる自然数

(2) 1234のように各位の数の和が10である自然数

* **333** 千の位を a，百の位を b，十の位を c，一の位を d とする4桁の整数 $abcd$ がある。次の条件を満たす整数の個数を求めよ。

(1) $a>b>c>d$ 　　　(2) $a \geqq b>c>d$ 　　　(3) $a \geqq b \geqq c \geqq d$

334 赤，白のカードが4枚ずつ合計8枚あり，どの色のカードにも1から4までの番号が1つずつかかれているとき，次の問いに答えよ。

(1) この8枚を4枚ずつ2つのグループに分ける方法は何通りあるか。また，このとき，どの同じ番号も別のグループに分かれる場合は何通りあるか。

(2) この8枚をそれぞれ2枚以上の2つのグループに分ける方法は何通りあるか。また，このとき，赤のカードだけのグループができる分け方は何通りあるか。

50 事象と確率

例題132 確率の計算 類335

2個のさいころを同時に投げるとき，目の和が 10 になる確率を求めよ。

解 目の出方は全部で $6 \times 6 = 36$（通り）

そのうち，目の和が 10 になるのは

$(4, 6)$，$(5, 5)$，$(6, 4)$

の 3 通りである。

よって，求める確率は $\dfrac{3}{36} = \dfrac{1}{12}$

事象 A の起こる確率

$P(A) = \dfrac{\text{事象 } A \text{ の起こる場合の数}}{\text{起こりうるすべての場合の数}}$

必ず $0 \leqq P(A) \leqq 1$ である。

| 絶対起こらない | 必ず起こる |

エクセル 「2個のさいころ」，「2枚の硬貨」 ➡ 確率の計算では異なる 2 つのものと考える

例題133 場合の数と確率 類336,338,339

次の確率を求めよ。

(1) 1, 2, 3, 4, 5, 6, 7, 8, 9 の 9 個の数字から，異なる 3 個を用いて 3 桁の整数を作るとき，偶数になる確率を求めよ。

(2) A, B, C, a, b, c の 6 文字を 1 列に並べるとき，大文字 3 個が隣り合う確率を求めよ。

(3) 赤球 2 個と白球 4 個の合計 6 個の球が入っている袋から，3 個の球を同時に取り出すとき，1 個が赤球で 2 個が白球である確率を求めよ。

解 (1) 3 桁の整数は，全部で $_9P_3$ 個 ◀9個から3個取る順列

そのうち偶数は $4 \times {}_8P_2$（個）

よって，求める確率は $\dfrac{4 \times {}_8P_2}{{}_9P_3} = \dfrac{4 \cdot 8 \cdot 7}{9 \cdot 8 \cdot 7} = \dfrac{4}{9}$

| 百 | 十 | 一 |

$_8P_2$通り ／ 2,4,6,8の4通り

(2) 6 文字を 1 列に並べる並べ方の総数は $6!$ 通り

そのうち大文字 3 個が隣り合うのは，大文字 3 個をまとめて 1 個とみる。

大文字 3 個の順列にも注意すると $4! \times 3!$（通り）

よって，求める確率は $\dfrac{4! \times 3!}{6!} = \dfrac{3 \cdot 2 \cdot 1}{6 \cdot 5} = \dfrac{1}{5}$

4!通り

小 大 大 大 小 小

3!通り

(3) 6 個の球から 3 個の球を取り出す場合の総数は $_6C_3$ 通り

そのうち，赤球 2 個から 1 個，白球 4 個から 2 個取り出すのは $_2C_1 \times {}_4C_2$（通り）

よって，求める確率は $\dfrac{{}_2C_1 \times {}_4C_2}{{}_6C_3} = \dfrac{12}{20} = \dfrac{3}{5}$

総数₆C₃通り

$_2C_1 \times {}_4C_2$
1個赤球で2個白球

エクセル 順列や組合せに関した確率 ➡ $_nP_r$ や $_nC_r$ で場合の数を求める

A

*335 2 個のさいころを同時に投げるとき，次の確率を求めよ。　　　↩ 例題132
  (1) 2 個とも同じ目が出る　　　(2) 目の和が 8 になる
  (3) 目の差が 4 になる　　　(4) 目の積が 12 になる

336 1，2，3，4，5，6，7 の 7 個の数字から，異なる 4 個の数字を用いて，
  4 桁の整数を作るとき，次の確率を求めよ。　　　↩ 例題133
  *(1) 4500 以上になる　　　(2) 奇数になる

337 birthday の 8 文字を 1 列に並べるとき，次の確率を求めよ。
  (1) r と t が隣り合う　　　*(2) r と t が両端にくる

*338 5 本の当たりくじを含む 15 本のくじがある。このくじを，同時に 3 本引
  くとき，次の確率を求めよ。　　　↩ 例題133
  (1) 3 本とも当たる　　　(2) 1 本だけ当たる

*339 赤球 4 個と白球 6 個が入っている袋から，3 個の球を同時に取り出すと
  き，次の確率を求めよ。　　　↩ 例題133
  (1) すべて白球が出る　　　(2) 赤球 1 個，白球 2 個が出る

B

*340 1 個のさいころを 3 回続けて投げるとき，次の確率を求めよ。
  (1) 目の和が偶数　　　(2) 目の積が奇数

341 大人 3 人と子ども 3 人が次のように並ぶとき，その確率を求めよ。
  (1) 1 列に並ぶとき，大人と子どもが交互に並ぶ。
  (2) 円形に並ぶとき，子ども 3 人が隣り合う。

342 0，1，2，3，4，5 の 6 個の数字から，異なる 3 個の数字を用いて，3 桁の
  整数を作るとき，3 の倍数になる確率を求めよ。

ヒント 342 3 の倍数は，各位の数の和が 3 の倍数になる。

111

51 確率の計算

例題134 **排反であるときの確率**　　　　　　　　　　　　**類343,344**

赤球4個と白球3個が入っている袋から，3個の球を同時に取り出すとき，3個とも同じ色である確率を求めよ。

解　7個の球から3個の球を取り出すのは　$_7C_3=35$（通り）

3個とも同じ色となるのは，次の(i), (ii)の場合である。

(i)　赤球が3個出る場合で　$_4C_3$ 通り

(ii)　白球が3個出る場合で　$_3C_3$ 通り　　◯(i)と(ii)は同時に起こらない

(i), (ii)は，互いに排反であるから

$$\frac{_4C_3}{_7C_3}+\frac{_3C_3}{_7C_3}=\frac{4}{35}+\frac{1}{35}=\frac{5}{35}=\frac{1}{7}$$

> **和事象の確率(1)**
>
> 事象 A と B が互いに排反である（同時に起こらない）とき
> $P(A\cup B)$
> $=P(A)+P(B)$

例題135　**排反でないときの確率**　　　　　　　　　　　**類345**

1から100までの数字が1つずつかかれた100枚のカードから1枚を取り出すとき，カードにかかれた数字が3または5で割り切れる確率を求めよ。

解　A：3で割り切れる　B：5で割り切れる　とすると

3で割り切れる数は　33個　　◯$3\times1, 3\times2, \cdots, 3\times33$

5で割り切れる数は　20個　　◯$5\times1, 5\times2, \cdots, 5\times20$

3でも5でも割り切れる数は　6個　　◯$15\times1, 15\times2, \cdots, 15\times6$

A と B は互いに排反でないから

$$P(A\cup B)=P(A)+P(B)-P(A\cap B)=\frac{33}{100}+\frac{20}{100}-\frac{6}{100}=\frac{47}{100}$$

> **和事象の確率(2)**
>
> 事象 A と B が互いに排反でないとき
> $P(A\cup B)$
> $=P(A)+P(B)-P(A\cap B)$

エクセル　和事象の確率 $P(A\cup B)$ ➡ 事象 A と B は互いに排反かどうかを考える

例題136　**余事象の確率**　　　　　　　　　**類343,344,346,347**

当たりくじが3本入っている12本のくじがある。この中から3本のくじを同時に引くとき，少なくとも1本が当たる確率を求めよ。

解　12本のくじから3本引くのは　$_{12}C_3$ 通り

「少なくとも1本が当たる」の余事象は，

「すべてはずれ」である。

はずれくじ9本から3本引くのは　$_9C_3$ 通り

よって，求める確率は

$$1-\frac{_9C_3}{_{12}C_3}=1-\frac{84}{220}=1-\frac{21}{55}=\frac{34}{55}$$

> **余事象の確率**
>
> 「事象 A が起こらない」という事象を A の余事象といい，$\overline{A}$ で表す。　$P(\overline{A})=1-P(A)$

◯少なくとも1本当たる
(i)1本当たり　(ii)2本当たり　(iii)3本当たり
という3つの事象の和事象であるが，
余事象の確率を使う方が簡単である

エクセル　「少なくとも…」の確率 ➡ 余事象の確率 $P(\overline{A})=1-P(A)$ を使う

A

*__343__　ある製品 15 個のうち 4 個が不良品である。この中から 3 個を取り出すとき，次の確率を求めよ。　　　　　↩ 例題134,136
　(1)　不良品が 2 個以上含まれる
　(2)　少なくとも 1 個は不良品が含まれる

*__344__　2 個のさいころを同時に投げるとき，次の確率を求めよ。　↩ 例題134,136
　(1)　目の和が 10 以上　　　　　　　(2)　目の和が 6 の倍数
　(3)　目の積が 5 以上　　　　　　　(4)　目の積が偶数

__345__　100 以上 200 以下の数字が 1 つずつかかれたカードから 1 枚を取り出すとき，カードにかかれた数字が次のようになる確率を求めよ。　↩ 例題135
　*(1)　4 の倍数または 6 の倍数　　　(2)　4 の倍数でも 6 の倍数でもない
　(3)　4 の倍数であるが 6 の倍数でない

__346__　20 人から 5 人の係を選ぶとき，特定の 2 人のうち少なくとも 1 人が選ばれる確率を求めよ。　　　　　　　　　↩ 例題136

B

*__347__　2 個のさいころを同時に投げるとき，次の確率を求めよ。　↩ 例題136
　(1)　3 の目が少なくとも 1 個出る　(2)　異なる目が出る

__348__　当たりくじが 5 本入っている 12 本のくじがある。この中から 5 本のくじを同時に引くとき，次の確率を求めよ。
　(1)　当たりが 2 本以上　　　(2)　当たりとはずれのくじがどちらもある

__349__　箱 A には 1 から 10 までの数字が 1 つずつかかれた 10 枚のカードが，箱 B には 1 から 15 までの数字が 1 つずつかかれた 15 枚のカードが入っている。A，B の箱からそれぞれ 1 枚ずつカードを取り出す。このとき，次の確率を求めよ。
　(1)　数字の和が偶数　　　　　　　(2)　数字の積が 5 の倍数

*__350__　白球 4 個，赤球 5 個，青球 3 個が入った袋から，同時に 4 個の球を取り出す。このとき，次のように出る確率を求めよ。
　(1)　赤球が 3 個以上　　　　　　　(2)　少なくとも 1 個は赤球
　(3)　球の色が 3 種類　　　　　　　(4)　球の色が少なくとも 2 種類

(1) 1個のさいころを続けて投げるとき，1回目は奇数の目，2回目は3の倍数の目，3回目は4以下の目が出る確率を求めよ。また，同様に1個のさいころを続けて投げるとき，4回目にはじめて1の目が出る確率を求めよ。

(2) A，Bの2人が弓道で的に矢を当てる確率は，Aが $\dfrac{3}{5}$，Bが $\dfrac{2}{3}$ である。

2人が1回ずつ矢を射るとき，少なくとも1人が当たる確率を求めよ。

解 (1) 1回目に奇数の目が出る確率は $\dfrac{1}{2}$

2回目に3の倍数の目が出る確率は $\dfrac{1}{3}$

3回目に4以下の目が出る確率は $\dfrac{2}{3}$

よって，求める確率は $\dfrac{1}{2} \times \dfrac{1}{3} \times \dfrac{2}{3} = \dfrac{1}{9}$

また，さいころを投げて1以外の目が出る確率は $\dfrac{5}{6}$

よって，4回目にはじめて1の目が出る確率は $\dfrac{5}{6} \times \dfrac{5}{6} \times \dfrac{5}{6} \times \dfrac{1}{6} = \dfrac{125}{1296}$

◀ 1，2，3回それぞれの試行は独立である（1回目の結果が，2，3回目の結果に影響を及ぼさない）

(2) 「少なくとも1人が当たる」の余事象は「2人とも当たらない」である。

2人とも当たらない確率は $\dfrac{2}{5} \times \dfrac{1}{3} = \dfrac{2}{15}$

◀ A，Bの試行は独立である

よって，求める確率は $1 - \dfrac{2}{15} = \dfrac{13}{15}$

箱Aには当たりくじ2本を含む6本のくじが，箱Bには当たりくじ3本を含む7本のくじがそれぞれ入っている。さいころを投げて，2以下の目が出たらAから，それ以外の目が出たらBからくじを1本引く。このとき，くじが当たる確率を求めよ。

解 くじが当たるのは，次の(i)，(ii)のどちらかである。

(i) さいころで2以下の目が出て，Aから当たりくじを引く。

(ii) さいころで3以上の目が出て，Bから当たりくじを引く。

(i)の確率 $\dfrac{2}{6} \times \dfrac{2}{6} = \dfrac{1}{9}$ (ii)の確率 $\dfrac{4}{6} \times \dfrac{3}{7} = \dfrac{2}{7}$

◀ さいころを投げる試行と，くじを引く試行は独立である

(i)，(ii)は，互いに排反であるから，求める確率は $\dfrac{1}{9} + \dfrac{2}{7} = \dfrac{25}{63}$

エクセル 排反な事象に場合分け ➡ その事象が起こる場合をすべて求める

A

*351 当たりくじが3本入っている8本のくじがある。AとBの2人がこの順でくじを1本ずつ引くとき，次の確率を求めよ。ただし，Aの引いたくじはもとに戻すものとする。　　　　　　　　　　　　　　　　　↩例題137

(1) A，B 2人とも当たる　　　　(2) Aが当たり，Bがはずれる

(3) 少なくとも1人が当たる

352 赤球4個と白球6個が入っている袋から，1個を取り出して色を調べてから袋に戻す試行を4回繰り返すとき，次の確率を求めよ。　　↩例題137

*(1) 4回目にはじめて白球が出る　(2) 4回とも同じ色の球が出る

*(3) 赤球と白球が交互に出る　　　(4) 赤球が3回連続，白球が1回出る

*353 A, B, Cの3人がある試験を受け，合格する確率は，それぞれ $\frac{1}{3}$, $\frac{2}{5}$, $\frac{3}{4}$ である。A，B，Cの3人がこの試験を受けるとき，次の確率を求めよ。

(1) 3人とも合格する　　　　　(2) 1人だけ合格する　　　↩例題137

(3) 少なくとも1人が合格する

B

*354 A, B, Cの3人がじゃんけんをするとき，次の確率を求めよ。

(1) 1回目があいこで，2回目にAだけが勝つ

(2) 2回続けてあいこで，3回目にAだけが負ける

355 袋Aには赤球2個と白球6個，袋Bには赤球7個と白球3個が入っている。このとき，次の確率を求めよ。　　　　　　　　　　　　　↩例題138

*(1) A，Bから球を1個ずつ取り出すとき，球の色が異なる

(2) A，Bから球を2個ずつ取り出すとき，すべての球の色が同じである

*(3) Aから3個，Bから2個取り出すとき，赤球2個と白球3個が取り出される

356 A, B, C, D, Eの5チームを抽選で下の図の1, 2, 3, 4, 5に割り当て，トーナメント方式で優勝を争う。5チームの力はすべて互角であるとする。また，4と5の対戦は2回戦と考える。このとき，次の確率を求めよ。

(1) AとBが1回戦で対戦する

(2) AとBが2回戦で対戦する

(3) AとBが決勝戦で対戦する

53　反復試行の確率

例題139　反復試行の確率　　　　　　　　　　　　類357,358

1個のさいころを5回続けて投げるとき，次の確率を求めよ。

(1) 5以上の目がちょうど3回出る確率

(2) 5回目に3度目の1の目が出る確率

解 (1) さいころを1回投げて，5以上の目が出る確率

は $\dfrac{2}{6}=\dfrac{1}{3}$ で，各回の試行は独立であるから，

求める確率は

$$_5C_3\left(\frac{1}{3}\right)^3\left(1-\frac{1}{3}\right)^2=10\times\frac{1}{27}\times\frac{4}{9}=\frac{40}{243}$$

> **反復試行の確率**
>
> 1回の試行で事象 A の起こる確率を p とする。この試行を n 回繰り返すとき，r 回だけ事象 A の起こる確率は
> $$_nC_r\,p^r(1-p)^{n-r}$$

(2) 4回目までに2だけ1の目が出ていて，

5回目にまた1の目が出る場合である。

4回目までに2回だけ1の目が出る確率は

$$_4C_2\left(\frac{1}{6}\right)^2\left(\frac{5}{6}\right)^2$$

5回目に1の目が出る確率は $\dfrac{1}{6}$

よって，求める確率は $_4C_2\left(\dfrac{1}{6}\right)^2\left(\dfrac{5}{6}\right)^2\times\dfrac{1}{6}=\dfrac{25}{1296}$

例題140　反復試行により移動する点　　　　　　　類363

数直線上の原点 $x=0$ に点 P がある。1枚の硬貨を投げて表が出たときは右へ1進み，裏が出たときは左へ2進むものとする。硬貨を6回投げ終えたとき，P が次の座標にある確率を求めよ。

(1) $x=3$　　　　　　　　　　(2) $x=-2$

解 硬貨を投げて，表が r 回，裏が $(6-r)$ 回出たとすると

点 P の座標は $x=(+1)\cdot r+(-2)\cdot(6-r)=3r-12$

(1) $3r-12=3$ より $r=5$

よって，表が5回，裏が1回出ると，$x=3$ にあるから，

求める確率は $_6C_5\left(\dfrac{1}{2}\right)^5\left(\dfrac{1}{2}\right)^1=\dfrac{6}{64}=\dfrac{3}{32}$

　表5回　　裏1回

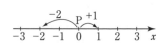

(2) $3r-12=-2$ より $r=\dfrac{10}{3}$

◀ r が整数にならないとき，確率は0

r は整数であるから，$x=-2$ となるときの r の値は存在しない。

よって，求める確率は **0**

A

***357** 次の確率を求めよ。 ↩ 例題139

(1) 1枚の硬貨を5回続けて投げるとき，ちょうど2回だけ表が出る確率

(2) 3つの選択肢の中から正解を1つ選ぶ問題が5題出題されるとき，でたらめに答えを選んで，ちょうど3題だけ正解できる確率

(3) 当たりくじが4本入っている10本のくじを続けて3回引くとき，ちょうど2回だけ当たる確率。ただし，引いたくじはもとに戻すものとする。

358 1個のさいころを5回続けて投げるとき，次の確率を求めよ。 ↩ 例題139

*(1) 1の目がちょうど2回出る (2) 3の倍数の目が4回以上出る

*(3) 5回目に2度目の6の目が出る (4) 少なくとも1回奇数の目が出る

359 8枚の硬貨を同時に投げるとき，次の確率を求めよ。

(1) ちょうど5枚表が出る (2) 表が3枚以上出る

360 20％の不良品を含む多数の製品の中から5個の製品を取り出すとき，次の確率を求めよ。

(1) 不良品が1個以下 (2) 少なくとも1個は不良品

B

361 AとBの2チームが試合を行う。1回の試合でA，Bの勝つ確率はそれぞれ $\dfrac{3}{5}$，$\dfrac{2}{5}$ である。先に4勝した方を優勝とするとき，次の確率を求めよ。

(1) 7回目でAが優勝する (2) Aが優勝する

362 3個のさいころを2回続けて投げるとき，次の確率を求めよ。

(1) 全体を通じて1個だけ1の目が出る

(2) 1回目は偶数の目が出ないで，2回目にはじめて偶数の目が1個出る

***363** 数直線上の原点 $x=0$ に点Pがある。さいころを投げて4以下の目が出たときは左へ1進み，5以上の目が出たときは右へ2進むものとする。さいころを6回投げ終えたとき，Pが次の座標にある確率を求めよ。 ↩ 例題140

(1) $x=6$ (2) $x=-3$

(3) 3回投げ終えたとき $x=0$ にあって，6回投げ終えたとき $x=0$ にある

例題141 条件つき確率 類**366**

ある町に住む人のうち，動物を飼っている人が全体の 42％ で，犬を飼っている人が全体の 18％ である。この町の住民の中から 1 人を選んだところ，動物を飼っていた。この人が犬を飼っている確率を求めよ。

解 選んだ人が動物を飼っている事象を A，犬を飼っている事象を B とすると

$$P(A) = \frac{42}{100}, \quad P(A \cap B) = \frac{18}{100}$$

よって，求める条件つき確率は

$$P_A(B) = \frac{P(A \cap B)}{P(A)} = \frac{18}{100} \div \frac{42}{100} = \frac{3}{7}$$

エクセル 事象 A が起こったときに，事象 B が起こる条件つき確率 ➡ $P_A(B) = \dfrac{P(A \cap B)}{P(A)}$

例題142 確率の乗法定理 類**367,368**

赤球 2 個と白球 3 個が入っている袋 A と，赤球 2 個と白球 1 個が入っている袋 B がある。いま，袋 A から 2 個の球を同時に取り出して袋 B に入れ，よく混ぜたのち，袋 B から 1 個の球を取り出して袋 A に入れる。このとき，袋 A と袋 B の赤球と白球の個数が同じになる確率を求めよ。

解　袋Aから取り　　　袋Bの中の球の　　　袋Bから取り
　　　出す2個の球　　　色と個数　　　　　出す1個の球

(i) （赤，白）⟶（赤3個，白2個）⟶（赤）

(ii) （白，白）⟶（赤2個　白3個）⟶（白）

(iii) （赤，赤）⟶（赤4個，白1個）　これは適さない

(i)のときの確率は

$$\frac{{}_2C_1 \times {}_3C_1}{{}_5C_2} \times \frac{3}{5} = \frac{18}{50}$$

(ii)のときの確率は

$$\frac{{}_3C_2}{{}_5C_2} \times \frac{3}{5} = \frac{9}{50}$$

(i)，(ii)は排反であるから，求める確率は

$$\frac{18}{50} + \frac{9}{50} = \frac{27}{50}$$

> **確率の乗法定理**
>
> $$P(A \cap B) = P(A)P_A(B)$$

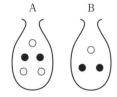

エクセル 事象 A と事象 B が同時に起こる ➡ $P(A \cap B) = P(A)P_A(B)$ （乗法定理）

364 1 から 12 までの数字が 1 つずつかかれた 12 枚のカードがある。この中から 1 枚を選ぶとき，そのカードにかかれた数字が 3 の倍数である事象を A，奇数である事象を B とする。このとき，次の確率を求めよ。

*(1) $P_A(B)$ (2) $P_B(A)$ *(3) $P_{\bar{A}}(B)$

365 袋の中に赤球 6 個と白球 4 個が入っている。この袋の中から，A，B の 2 人がこの順に球を 1 個ずつ取り出す。このとき，次の確率を求めよ。ただし，取り出した球はもとに戻さない。

(1) A が赤球を取り出したことがわかっているとき，B が赤球を取り出す

(2) A が白球を取り出したことがわかっているとき，B が赤球を取り出す

(3) A も B も赤球を取り出す

366 ある吹奏楽団のメンバーのうち，生徒が全体の 65 % で，高校生が全体の 26 % である。このメンバーの中から 1 人を選んだところ，生徒であった。この生徒が高校生である確率を求めよ。   → 例題141

***367** 赤球 4 個と白球 3 個が入っている袋から，A，B，C の 3 人がこの順に 1 個ずつ球を取り出すとき，次の確率を求めよ。ただし，取り出した球はもとに戻さない。   → 例題142

(1) B が白球を取り出す   (2) C が白球を取り出す

368 箱 A には赤球 4 個と白球 2 個，箱 B には赤球 3 個と白球 3 個，箱 C には赤球 2 個と白球 4 個が入っている。この中から 1 つの箱を無作為に選んで球を 2 個取り出すとき，次の確率を求めよ。   → 例題142

(1) 2 個とも赤球である   *(2) 赤球と白球である

369 赤球 4 個と白球 2 個が入っている袋 A と，赤球 3 個と白球 3 個が入っている袋 B がある。袋 A から球を 2 個取り出して袋 B に入れ，よく混ぜたのち，袋 B から球を 2 個取り出して袋 A に入れるとき，次の確率を求めよ。

*(1) A の赤球の個数が変わらない   (2) A の赤球の個数が増加する

370 100 本のくじの中に何本かの当たりくじが入っている。このくじから A 君と B 君がこの順にくじを 1 本ずつ引くとき，どちらか一方だけが当たりくじを引く確率は $\dfrac{2}{11}$ であるという。当たりくじは何本入っているか。ただし，当たりくじははずれくじより少ないものとし，引いたくじはもとに戻さない。

55 条件つき確率(2)／期待値

例題143 原因の確率（事後確率） 図371,372,376

くじ A には 5 本中 2 本，くじ B には 4 本中 1 本の当たりくじがある。無作為にくじ A，B から 1 つ選び，くじを 1 本引いたとき，次の確率を求めよ。

(1) くじ A から当たりくじを引く　　(2) くじ B から当たりくじを引く

(3) 当たりくじを引いたとき，それがくじ A からのものである

解 A：A からくじを引く　B：B からくじを引く　H：くじが当たる　とする。

(1) くじ A を選ぶ確率 $P(A) = \dfrac{1}{2}$，くじ A から当たりくじを引く確率は $\dfrac{2}{5}$

よって　$P(A \cap H) = P(A) P_A(H) = \dfrac{1}{2} \times \dfrac{2}{5} = \dfrac{1}{5}$

(2) くじ B から当たりくじを引く確率は

$$P(B \cap H) = P(B) P_B(H) = \frac{1}{2} \times \frac{1}{4} = \frac{1}{8}$$

(3) (1), (2)は互いに排反であるから，当たりくじを引く確率は

$$P(H) = \frac{1}{5} + \frac{1}{8} = \frac{13}{40}$$

よって，求める確率は

$$P_H(A) = \frac{P(A \cap H)}{P(H)} = \frac{1}{5} \div \frac{13}{40} = \frac{8}{13}$$

◯ くじ A から当たりくじを引く確率 ／ 当たりくじを引く確率

エクセル 事象 H が起こった原因が A である確率 ➡ $\dfrac{A \text{ で } H \text{ が起こった確率}}{\text{全体で } H \text{ が起こった確率}}$

例題144 期待値 図373,374,375

1 個のさいころを 2 回投げて，1 回目に偶数の目が出たらその目を X とし，1 回目に奇数の目が出たら 2 回目に出た目を X とする。このとき，X の期待値を求めよ。

解 $X = 1$ となるのは，1 回目に奇数が出て，2 回目に 1 が出るときで，その確率は

$\dfrac{1}{2} \times \dfrac{1}{6} = \dfrac{1}{12}$（$X = 3$, 5 のときも同様）

$X = 2$ となるのは，1 回目に 2 が出るか，1 回目に奇数が出て，2 回目に 2 が出るときで，その確率は

$\dfrac{1}{6} + \dfrac{1}{2} \times \dfrac{1}{6} = \dfrac{1}{4}$（$X = 4$, 6 のときも同様）

X	1	2	3	4	5	6	計
P	$\frac{1}{12}$	$\frac{1}{4}$	$\frac{1}{12}$	$\frac{1}{4}$	$\frac{1}{12}$	$\frac{1}{4}$	1

よって，期待値は

$$1 \times \frac{1}{12} + 2 \times \frac{1}{4} + 3 \times \frac{1}{12} + 4 \times \frac{1}{4} + 5 \times \frac{1}{12} + 6 \times \frac{1}{4} = \frac{15}{4}$$

エクセル 期待値 $E = x_1 p_1 + x_2 p_2 + \cdots\cdots + x_n p_n$

X	x_1	x_2	$\cdots\cdots$	x_n	計
確率	p_1	p_2	$\cdots\cdots$	p_n	1

371 赤球4個と白球2個が入っている袋Aと，赤球3個と白球6個が入っている袋Bがある。袋を無作為に1つ選び，球を1個取り出すとき，次の確率を求めよ。 ↪ 例題143

(1) 取り出した球が赤球である

(2) 取り出した球が赤球であったとき，それが袋Aからのものである

372 赤球8個と白球4個が入っている袋から1個ずつ順に2個の球を取り出す。2番目の球が赤球であるとき，1番目の球も赤球である確率を求めよ。ただし，取り出した球はもとに戻さない。 ↪ 例題143

373 さいころを1回投げて，1か2の目が出たら1000円もらえ，それ以外の目のときは，出た目の数に100を掛けた金額を払うゲームがある。このゲームに参加するときに受け取る，または支払う金額の期待値を求めよ。

↪ 例題144

374 白球4個と赤球2個が入っている袋から，2個の球を同時に取り出すとき，その中に含まれる白球の個数の期待値を求めよ。 ↪ 例題144

375 1，2，3，4の数字が1つずつかかれた4枚のカードがある。このカードから同時に2枚取り出し，小さい数をXとするとき，次の問いに答えよ。

(1) $X=1$，2，3，4のときの確率をそれぞれ求めよ。 ↪ 例題144

(2) Xの期待値を求めよ。

376 A工場の製品には3％，B工場の製品には6％の不良品が含まれている。A工場の製品から50個，B工場の製品から100個を無作為に抜き出し，これらをよく混ぜたのちに1個の製品を取り出すとき，次の確率を求めよ。

↪ 例題143

(1) 取り出した製品が不良品である

(2) 取り出した製品が不良品であったとき，それがA工場のものである

377 3回に1回の割合で帽子を忘れるA君が，友人3人の家を訪問して帰ってきたところ，帽子を忘れてきたことに気がついた。このとき，2番目に訪ねた友人の家に忘れてきた確率を求めよ。

378 白球6個と赤球3個が入っている袋から，1個の球を取り出して，色を調べてからもとの袋へ戻す。これを4回繰り返すとき，赤球の出る回数の期待値を求めよ。

Step UP 例題145 同じものを含む順列と反復試行の確率

1個のさいころを6回投げるとき，1の目が3回，2の目が2回，3の目が1回出る確率を求めよ。

解 6回のうち1の目が3回，2の目が2回，3の目が1回出る場合の数は，1，1，1，2，2，3を1列に並べる順列に等しく

$$\frac{6!}{3!2!1!}=60\ (通り)$$ ◁ 同じものを含む順列 $\frac{n!}{p!q!r!}$

$\frac{6!}{3!2!1!}$ 通り

どの場合の確率も $\left(\frac{1}{6}\right)^3\left(\frac{1}{6}\right)^2\left(\frac{1}{6}\right)^1$

よって，求める確率は $60\times\left(\frac{1}{6}\right)^3\left(\frac{1}{6}\right)^2\left(\frac{1}{6}\right)^1=\dfrac{5}{3888}$

1の目が3回出る　2の目が2回出る　3の目が1回出る

379 1個のさいころを7回投げるとき，1の目が1回だけ，2または3の目が2回，4以上の目が4回出る確率を求めよ。

Step UP 例題146 4人のじゃんけんの確率

4人でじゃんけんを1回するとき，次の確率を求めよ。

(1) 2人だけが勝つ　　　　　(2) あいこになる

解 4人でじゃんけんをしたとき，手の出し方は全部で 3^4 通り

(1) 2人が勝つのは次の3つの場合である。

　　(ググチチ) (チチパパ) (パパググ) ◁ 手の出し方のパターンを決める

それぞれ勝つ2人の選び方は $_4C_2$ 通り ◁ 手を出す人を選ぶ

よって，求める確率は $\dfrac{3\times_4C_2}{3^4}=\dfrac{3\times6}{3^4}=\dfrac{2}{9}$

(2) あいこになるのは次の場合である。

(i) 4人とも同じ手を出すとき，3通り

(ii) (ググチパ) (チチグパ) (パパグチ) のとき ◁ 手の出し方のパターンを決める

それぞれ手を出す人の選び方は $_4C_2\times_2C_1\times1=12$ (通り) ◁ 手を出す人を選ぶ

ゆえに $3\times12=36$ (通り)

よって，求める確率は $\dfrac{3+36}{3^4}=\dfrac{13}{27}$

エクセル じゃんけんの確率 ➡ まず，"勝ち""あいこ"の手の出し方のパターンをおさえる。次に，人を選ぶ

380 5人でじゃんけんを1回するとき，次の確率を求めよ。
   *(1) 2人だけが勝つ   (2) あいこになる

***381** A，Bの2人がじゃんけんをするとき，どちらか先に2回勝った方を勝者
とする。このとき，次の確率を求めよ。ただし，あいこは1回と数える。
   (1) 2回目に勝者が決まる確率 p_2 と3回目に勝者が決まる確率 p_3
   (2) n 回目に勝者が決まる確率 p_n

***382** 1個のさいころを4回投げるとき，次の確率を求めよ。
   (1) 出る目の最小値が3以上である
   (2) 出る目の最小値が3である

***383** 1個のさいころを3回投げて，出た目を順に a, b, c とするとき，次の確
率を求めよ。
   (1) a, b, c がすべて異なる数になる
   (2) $a<b<c$ となる

384 正四面体 ABCD の辺上を動く点 P があり，点 P は1
秒後に等しい確率 $\dfrac{1}{3}$ で他の頂点に移動する。はじめに点
P は A にあるとして，次の確率を求めよ。
   (1) 3秒後に点 A にくる   (2) 3秒後に点 B にくる

***385** 座標平面上で点 P は原点を出発し，次の規則で動くものとする。
硬貨を1回投げるごとに，x 軸方向に $+1$ 進み，表が出たら y 軸方向に $+2$，
裏が出たら y 軸方向に -1 だけ進む。
   (1) 点 P が点 $(5,\ 4)$ を通る確率を求めよ。
   (2) 点 P が点 $(5,\ 4)$ を通って，点 $(7,\ 5)$ を通る確率を求めよ。

386 1個のさいころを50回投げるとき，次の問いに答えよ。
   (1) 1の目が k 回 $(0 \leqq k \leqq 50)$ 出る確率 P_k を求めよ。
   (2) $\dfrac{P_{k+1}}{P_k} \geqq 1$ を満たす k の値を求めよ。
   (3) P_k が最大となる k の値を求めよ。

57 三角形と線分の比

例題147　線分の内分と外分　類387

線分 AB において，次の点を図示せよ。

(1)　2：1 に内分する点 P 　　　(2)　中点 Q

(3)　3：1 に外分する点 R 　　　(4)　1：4 に外分する点 S

解　(1)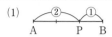

(2)

(3)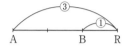

(4)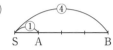

例題148　平行線と線分の比　類389

平行四辺形 ABCD において，辺 CD，DA の中点をそれぞれ M，N とし，AM と BN の交点を P とする。このとき，AP：PM を求めよ。

解　AM の延長と，BC の延長との交点を Q とする。

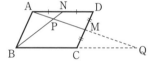

AD∥CQ であるから

$$AD:QC=AM:QM=DM:CM=1:1$$

よって　AD=QC　…①　　　AM=QM　…②

AN∥BQ と①より　$AP:PQ=AN:BQ=\dfrac{1}{2}AD:2AD=1:4$　…③

したがって，②，③より　$AP:PM=\dfrac{1}{5}AQ:\left(\dfrac{1}{2}AQ-\dfrac{1}{5}AQ\right)=$**2：3**

例題149　三角形の角の二等分線　類391

△ABC で ∠A の内角および外角の二等分線と直線 BC との交点をそれぞれ D，E とする。AB=8，BC=6，CA=4 のとき，次の線分の長さを求めよ。

(1)　DC 　　　(2)　EC

解　(1)　AD は ∠A の二等分線であるから　BD：DC=AB：AC=8：4=2：1

よって　$DC=\dfrac{1}{3}BC=\dfrac{1}{3}\times6=$**2**

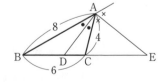

(2)　AE は ∠A の外角の二等分線であるから

BE：EC=AB：AC=2：1 より　2EC=BE

BE=6+EC であるから

2EC=6+EC　よって　EC=**6**

エクセル　△ABC で AD が ∠A の二等分線 ➡ BD：DC=AB：AC

*387 右の図のように，線分 AM が等間隔に
分割されているとき，次の問いに答えよ。 ↩例題147

A B C D E F G H I J K L M

(1) 線分 AM を 2:1 に内分する点はどれか。

(2) 線分 FH を 3:2 に外分する点はどれか。

(3) 点 E は線分 CK をどのような比に分ける点か。

(4) 点 D は線分 GJ をどのような比に分ける点か。

388 AD∥BC である右の図のような台形 ABCD にお
いて，直線 BA と CD の交点を P，対角線 AC と BD
の交点を Q とする。AQ:QC＝2:3 のとき，
PA:AB を求めよ。

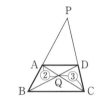

*389 平行四辺形 ABCD において，辺 BC の中点を E，
辺 CD を 1:2 に内分する点を F とする。また，
AE，AF と対角線 BD との交点をそれぞれ G，H
とするとき，次の比を求めよ。 ↩例題148

(1) BH:HD　　　(2) BG:GH:HD

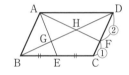

390 AB＝8 cm，AD＝10 cm の長方形がある。∠A
の二等分線と対角線 BD との交点を P とするとき，
△PBC の面積を求めよ。

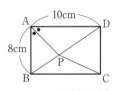

*391 次の問いに答えよ。

↩例題149

(1) BC＝18，CA＝15，AB＝12 の △ABC におい
て，∠A の二等分線と辺 BC との交点を D，∠B
の二等分線と線分 AD との交点を I とするとき，
AI:ID を求めよ。

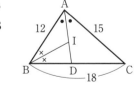

(2) △ABC において，AB＝9，BC＝8，
CA＝3 であるとき，∠A の内角および
外角の二等分線が，辺 BC およびその延
長と交わる点をそれぞれ D，E とする。
このとき，線分 BD，EC，DE の長さを
求めよ。

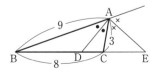

58 三角形の重心・内心・外心・垂心

例題150　三角形の重心　　　　　　　　　　　　類392,395

平行四辺形 ABCD において，辺 BC の中点を M とし，AM と BD の交点
を E とする。このとき，次の辺または面積の比を求めよ。

(1)　AE：EM　　　　　　　　(2)　△BME：△ABC

解 (1)　対角線 AC と BD の交点を O とすると　AO＝OC

　　　また，BM＝MC より点 E は △ABC の重心である。

　　　よって　AE：EM＝**2：1**

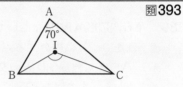

(2)　△BME：△ABM＝EM：AM＝1：3

　　　△ABM：△ABC＝BM：BC＝1：2
<small>◁ 高さが等しい三角形の面積比は底辺の比に着目</small>

　　　よって　△BME：△ABC＝1：(3×2)＝**1：6**

エクセル　重心 ➡ 三角形の 3 本の中線の交点で，各中線を 2：1 に内分する

例題151　三角形の内心　　　　　　　　　　　　類393

右の図で △ABC の内心を I とする。
∠BIC を求めよ。

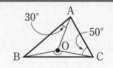

解　点 I は △ABC の内心であるから，右の図のように

　　　∠B＝2x，∠C＝2y とすると

　　　△IBC において　∠BIC＝180°－(x＋y) である。

　　　ここで 70°＋2x＋2y＝180° より　<small>◁ △ABC の内角の和</small>

　　　　2x＋2y＝110°　x＋y＝55°

　　　よって　∠BIC＝180°－55°＝**125°**

エクセル　内心 ➡ 三角形の 3 つの内角の二等分線の交点で，内接円の中心である

例題152　三角形の外心　　　　　　　　　　　　類394

右の図で △ABC の外心を O とする。
∠BOC を求めよ。

解　点 O は △ABC の外心であるから　OA＝OB＝OC　<small>◁ 外接円の半径</small>

　　　よって　∠OCA＝∠OAC＝50°　<small>◁ △OCA は二等辺三角形</small>

　　　ゆえに　∠BAC＝30°＋50°＝80°

　　　∠BOC は円周角 ∠BAC に対する中心角であるから

　　　　∠BOC＝2∠BAC＝2×80°＝**160°**

エクセル　外心 ➡ 三角形の 3 辺の垂直二等分線の交点で，外接円の中心である

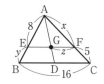

*392 右の図において，点 G は △ABC の重心で，G を通る直線 EF は辺 BC に平行であるとする。このとき，x, y, z の値を求めよ。　↩ 例題150

*393 点 I が △ABC の内心であるとき，角の大きさ x を求めよ。　↩ 例題151

(1)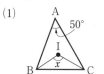

(2)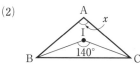

394 点 O が △ABC の外心であるとき，角の大きさ x, y を求めよ。　↩ 例題152

(1)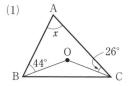

(2)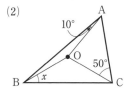

(3)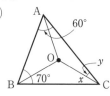

*395 右の図の平行四辺形 ABCD で，対角線の交点を O，辺 BC の中点を M，AC と DM の交点を N とするとき，次の面積比を求めよ。　↩ 例題150

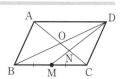

(1) △DNC：△NMC

(2) △AND：△NMC

(3) 四角形 ABMN：△NMC

396 △ABC の内心を I とし，3 辺 BC，CA，AB に関して I と対称な点をそれぞれ A′，B′，C′ とする。このとき，I は △A′B′C′ の外心であることを証明せよ。

*397 右の図において，△ABC は AB＝AC＝4 の二等辺三角形であり，点 I は内心で，直線 BI と辺 AC の交点を D とする。また，重心を G とする。

AD＝$\dfrac{8}{5}$ のとき，次の線分の長さを求めよ。

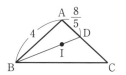

(1) BC　　(2) AI　　(3) GI

例題153 メネラウスの定理 　　　　題398

△ABC において，AB を $3:4$ に内分する点を R，AC を $5:2$ に内分する点を Q，直線 RQ と BC の交点を P とするとき，BP：PC を求めよ。

解 △ABC と直線 PR に対して
メネラウスの定理を用いると

$$\frac{BP}{PC}\cdot\frac{CQ}{QA}\cdot\frac{AR}{RB}=1 \text{ より}$$

$$\frac{BP}{PC}\cdot\frac{2}{5}\cdot\frac{3}{4}=1$$

よって $\dfrac{BP}{PC}=\dfrac{10}{3}$

ゆえに BP：PC＝**10：3**

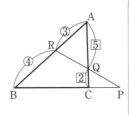

メネラウスの定理

△ABC と
一直線上にある3点
P，Q，R について

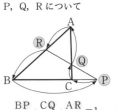

$$\frac{BP}{PC}\cdot\frac{CQ}{QA}\cdot\frac{AR}{RB}=1$$

エクセル メネラウスの定理 ➡ 基準となる三角形と1本の直線に注目
　　　　　　　頂点 ── 交点 ── 頂点 でひと回り

例題154 チェバの定理 　　　　題400

△ABC 内に1点 P をとり，AP，BP，CP の延長と辺 BC，CA，AB との交点をそれぞれ D, E, F とする。AF：FB＝3：2，AE：EC＝2：3 のとき，BD：DC を求めよ。

解 △ABC に対して
チェバの定理を用いると

$$\frac{BD}{DC}\cdot\frac{CE}{EA}\cdot\frac{AF}{FB}=1$$

$$\frac{BD}{DC}\cdot\frac{3}{2}\cdot\frac{3}{2}=1$$

よって $\dfrac{BD}{DC}=\dfrac{4}{9}$

ゆえに BD：DC＝**4：9**

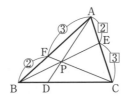

チェバの定理

△ABC において
3頂点からの直線が
1点で交わるとき

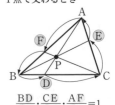

$$\frac{BD}{DC}\cdot\frac{CE}{EA}\cdot\frac{AF}{FB}=1$$

エクセル チェバの定理 ➡ 3頂点からの直線が1点で交わっているとき，
　　　　　　　頂点 ── 内分点 ── 頂点 でひと回り

398 下の図において，$x:y$ を求めよ。 ↵例題153

(1) 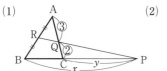　(2) 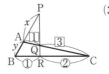　(3)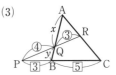

399 △ABC において，AB：AC＝2：3 である。AB，BC の中点をそれぞれ M，N とし，∠A の二等分線が MN，BC と交わる点をそれぞれ P，D とするとき，AP：PD を求めよ。

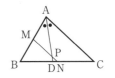

*400 下の図において，BD：DC を求めよ。 ↵例題154

(1) 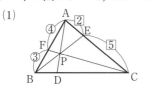　(2)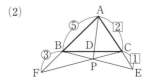

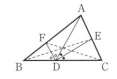

B

401 △ABC で辺 BC 上の点を D とし，∠ADB および∠ADC の二等分線が AB，AC と交わる点をそれぞれ F，E とする。3 直線 AD，BE，CF は1点で交わることを証明せよ。

*402 △ABC において，辺 BC を 2：3 に内分する点を D，辺 AC の中点を E，線分 AD と BE の交点を P，直線 CP と辺 AB との交点を F とするとき，次の比を求めよ。

(1) AF：FB　　(2) AP：PD　　(3) △ABC：△PBC （面積比）

403 △ABC において，次の問いに答えよ。

(1) ∠A＝90°，AC＝2，BC＝5 のとき，3つの角の大小を調べよ。

(2) ∠B＝80°，∠A＝∠C のとき，3辺の大小を調べよ。

*404 次の3つの線分で三角形が作られるための a の値の範囲を求めよ。

(1) 4，$a+2$，11　　　　(2) a，$a+4$，$3a$

60 円に内接する四角形／円の接線と弦の作る角

圞405

例題155 円周角の定理

右の図で，角の大きさ x，y を求めよ。

解 右の図のように考えて，円周角の定理より

$$\angle APB = \angle AQB = 34°$$

$$\angle BRC = \angle BQC = 25°$$

よって

$$x = \angle AQB + \angle BQC = 59°$$

また $y = 2x = 118°$

円周角の定理

$$\angle APB = \angle AQB$$

$$\angle APB = \frac{1}{2}\angle AOB$$

例題156 4点が同じ円周上（円に内接する四角形） 圞406

正三角形 ABC において，2辺 AB，AC 上にそれぞれ BD＝AE となるように点 D，E をとり，BE と CD の交点を F とするとき，4点 A，D，F，E は同じ円周上にあることを示せ。

証明 △BCD と △ABE において

$$BD = AE \qquad \cdots①$$

$$BC = AB \qquad \cdots②$$

$$\angle CBD = \angle BAE = 60° \qquad \cdots③$$

①，②，③より △BCD≡△ABE

よって ∠BDC＝∠AEB

四角形 ADFE で1つの外角がそれと隣り合う内角の
対角に等しいから，四角形 ADFE は円に内接する。

ゆえに，4点 A，D，F，E は同じ円周上にある。 **終**

4点が同じ円周上

① $x + y = 180°$

② $x = z$

エクセル 4点が同じ円周上 ➡ 対角の和は $180°$，外角はそれと隣り合う内角の対角に等しい

例題157 円の接線と弦の作る角 圞409,410

AT は円 O の接線，A はその接点である。円周上に A と異なる2点 B，C をとり，AB が ∠CAT を2等分するとき，BA＝BC となることを証明せよ。

証明 接弦定理より ∠BAT＝∠BCA …①

仮定より ∠BAT＝∠BAC …②

①，②より ∠BCA＝∠BAC であるから

△BCA は二等辺三角形となり BA＝BC **終**

エクセル 円の接線と弦の作る角 ➡ その弦に対する円周角に等しい

405 下の図で，角の大きさ x，y を求めよ。 ↪ 例題155

(1)

(2)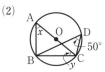

(3)

*406 右の図で，4点 A，B，C，D は同じ円周上にあるかを調べよ。 ↪ 例題156

(1)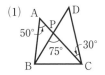

(2)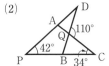

407 下の図で，角の大きさ x を求めよ。

(1)

(2)

*(3)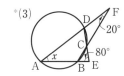

*408 右の図で，線分の長さ x を求めよ。

(1)

(2)

409 右の図で，AT は円 O の接線 であり，点 A はその接点である。 角の大きさ x，y を求めよ。 ↪ 例題157

*(1)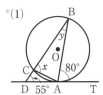

(2)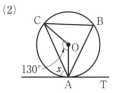

410 右の図のように，小円は大円に点 A で内接し， 直線 T_1T_2 はその共通接線である。大円の弦 BC は 点 D で小円に接している。また，CA と小円の交点 を E とする。$\angle T_1AB=70°$，$\angle ABC=30°$ のとき， 角の大きさ x，y を求めよ。 ↪ 例題157

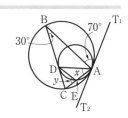

61 方べきの定理／2つの円

例題158 方べきの定理

類**411,412**

右の図のように，円 O と点 P，および円 O の円周上
に点 A，B，C，D，T をとる。PT は接線で，PA=4，
PC=5，PD=8 のとき，次の長さを求めよ。

(1) 線分 PT の長さ　　　　(2) 円 O の半径

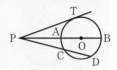

解 (1) 方べきの定理より　PT²=PC・PD=40

　　　　PT>0 であるから　PT=$\sqrt{40}$=**2√10**

(2) PA・PB=PC・PD　より

　　4・PB=5・8　よって　PB=10

半径 OA=$\frac{1}{2}$AB=$\frac{1}{2}$(PB−PA)=**3**

> **方べきの定理**
>
>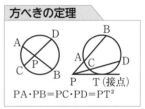
>
> PA・PB=PC・PD=PT²

エクセル 円の弦や接線の長さ ➡ 方べきの定理

例題159 2つの円の位置関係

類**415**

点 O，O′ を中心とする2つの円は，OO′=12 のとき外接し，OO′=2 のと
き内接する。このとき，2つの円の半径を求めよ。

解 円 O，O′ の半径をそれぞれ r，r' （$r>r'$）とする。

外接するのは　$r+r'=12$　…①　のときで

内接するのは　$r-r'=2$　…②　のときである。

①，②より　$r=7$，$r'=5$

よって，求める半径は　**7と5**

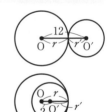

例題160 2つの円の共通接線

類**413**

円 A，B の半径はそれぞれ 3，5 で，AB=6 のとき，共通接線の接点間の
距離 PQ を求めよ。

解 A から BQ に垂線 AC を下ろす。　　◖四角形 ACQP は長方形になる

△ABC に三平方の定理を用いて

　　AB²=AC²+BC²　　◖PQ=AC であるから，AC を求める

　　6²=AC²+(5−3)²

　AC²=32　AC>0 より　AC=$4\sqrt{2}$

よって　PQ=AC=**4√2**

エクセル 共通接線の接点間の距離 ➡ 直角三角形を作って三平方の定理

*411 下の図において，x の長さを求めよ。ただし，PT は円の接線である。

↪ 例題158

(1)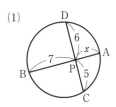

(2)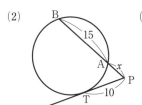

(3)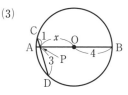

412 　右の図において，PT は円 O の接線である。
また，PA＝8，PC＝10，CD＝6 のとき，次の
問いに答えよ。　　　　　↪ 例題158

(1) 　線分 PT の長さを求めよ。

(2) 　円 O の半径を求めよ。

(3) 　中心 O から線分 PD までの距離を求めよ。

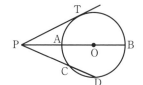

413 　下の図で，円 A，B の半径はそれぞれ 1，3 で，(1)AB＝4　(2)AB＝6 のと
き，それぞれにおいて QR および PA の長さを求めよ。　　↪ 例題160

(1)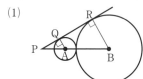

*(2)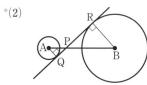

*414 　2 点 A，B で交わる 2 つの円の共通接線と，この
2 円との接点をそれぞれ P，Q とする。直線 AB は
線分 PQ を 2 等分することを証明せよ。

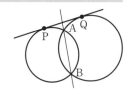

*415 　円 O_2 と円 O_3 は互いに外接し，また，どちらの円
も円 O_1 に内接している。

O_1O_2＝9，O_2O_3＝7，O_3O_1＝8 のとき，3 つの円 O_1，
O_2，O_3 の半径を求めよ。　　↪ 例題159

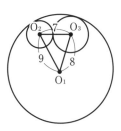

62 作図／空間図形の性質

例題161　空間の直線・平面の位置関係　題**418**

空間内に互いに異なる3つの平面 α, β, γ と直線 l, m, n があり，2直線 l, m はともに平面 α 上にあるとする。このとき，次の命題の真偽を調べよ。

(1)　$\alpha \perp \beta$, $\beta \perp \gamma$ ならば $\alpha \perp \gamma$　　(2)　$\alpha /\!/ \beta$, $\beta /\!/ \gamma$ ならば $\alpha /\!/ \gamma$

(3)　$n \perp l$, $n \perp m$ ならば $n \perp \alpha$　　(4)　$n \perp \alpha$ ならば $n \perp l$

(5)　$\alpha \not\!/\!/ \beta$ ならば2平面 α, β が交わった部分は直線である。

(6)　$m \not\!/\!/ n$ ならば2直線 m, n は1点で交わる。

解　(1)　偽　　　　　　　(2)　真　　　　　　　(3)　偽

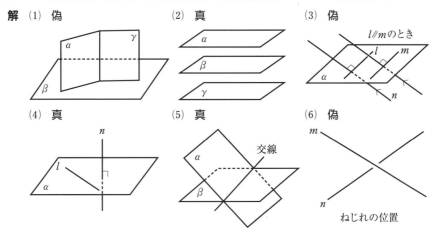

(4)　真　　　　　　　(5)　真　　　　　　　(6)　偽

エクセル　直線 $n \perp$ 平面 α $\Longleftrightarrow$ 直線 n が平面 α 上のすべての直線と垂直
　　　　　　　　　　　$\Longleftrightarrow$ 直線 n が平面 α 上の交わる2直線と垂直

例題162　**オイラーの多面体定理**　　　　題**420**

右の図のように，正四面体の各辺を3等分する点を通る平面で4つの頂点を切り取った多面体について，頂点の数 v，辺の数 e，面の数 f，$v-e+f$ の値をそれぞれ求めよ。

解　1つの頂点を切り取ると，

頂点は2つ増え，辺は3つ増え，面は1つ増えるから

$$v = 4 + 2 \times 4 = \mathbf{12}$$

$$e = 6 + 3 \times 4 = \mathbf{18}$$

$$f = 4 + 1 \times 4 = \mathbf{8}$$

$$v - e + f = 12 - 18 + 8 = \mathbf{2}$$

エクセル　オイラーの多面体定理 ➡ 凸多面体で（頂点）－（辺）＋（面）＝2

A

416 長さ1の線分が与えられたとき, 長さ $\dfrac{4}{5}$, $\sqrt{6}$ の線分をそれぞれ作図せよ。

417 右の平行六面体において, 次のものを求めよ。

(1) 辺 AB と平行な辺

(2) 辺 AB とねじれの位置にある辺

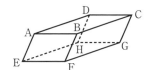

B

*418 空間内に互いに異なる2つの平面 α, β と直線 l, m, n があり, 2直線 l, m はともに平面 α 上にあるとする。このとき, 次の命題の真偽を調べよ。

↩ 例題161

(1) $l /\!/ m$, $m /\!/ n$ ならば $l /\!/ n$

(2) $l \perp n$, $m \perp n$ ならば $l \perp m$

(3) $l \not/\!\!/ m$ で, $l \perp n$, $m \perp n$ ならば $n \perp \alpha$

(4) $l \perp m$, $m \perp n$ ならば $l \perp n$

(5) $n /\!/ \alpha$, $n \perp \beta$ ならば $\alpha \perp \beta$

*419 右の図のような正六角柱において, 次の2直線のなす角 θ を求めよ。ただし, $0° \leqq \theta \leqq 90°$ とする。

(1) AB, KL

(2) BF, GJ

(3) CF, GI

(4) FE, DJ

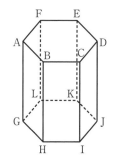

*420 右の図のように, 正六面体の各辺を4等分する点を通る平面で8つの頂点を切り取った多面体について, 頂点の数 v, 辺の数 e, 面の数 f, $v-e+f$ の値をそれぞれ求めよ。

↩ 例題162

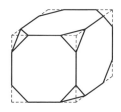

421 正四面体の各辺の中点を結んでできる多面体は何か。また, 正四面体の1辺の長さが8のとき, この多面体の体積を求めよ。

63 n 進法

例題163 **2進法の四則計算** 類**422**

次の計算をし，結果を2進法で表せ。

(1) $101_{(2)}+110_{(2)}$　(2) $1011_{(2)}-110_{(2)}$　(3) $110_{(2)}\times11_{(2)}$　(4) $1001_{(2)}\div11_{(2)}$

解 (1) $101_{(2)}+110_{(2)}=\mathbf{1011_{(2)}}$　　(2) $1011_{(2)}-110_{(2)}=\mathbf{101_{(2)}}$

(3) $110_{(2)}\times11_{(2)}=\mathbf{10010_{(2)}}$　　(4) $1001_{(2)}\div11_{(2)}=\mathbf{11_{(2)}}$

(1)
$$
\begin{array}{r}
101 \\
+)\ 110 \\
\hline
1011
\end{array}
$$

(2)
$$
\begin{array}{r}
1011 \\
-)\ 110 \\
\hline
101
\end{array}
$$

(3)
$$
\begin{array}{r}
110 \\
\times)\ 11 \\
\hline
110 \\
110 \\
\hline
10010
\end{array}
$$

(4)
$$
\begin{array}{r}
11 \\
11\overline{)1001} \\
11 \\
\hline
11 \\
11 \\
\hline
0
\end{array}
$$

例題164 **n 進法** 類**423,424**

次の(1)，(2)の数を10進法で表せ。また，10進法で表された(3)，(4)の数を [　] 内の表記にせよ。

(1) $231_{(4)}$　　(2) $0.43_{(5)}$　　(3) 14 [2進法]　　(4) 0.875 [4進法]

解 (1) $231_{(4)}=2\cdot4^2+3\cdot4^1+1\cdot4^0=32+12+1=\mathbf{45}$

(2) $0.43_{(5)}=4\cdot\dfrac{1}{5^1}+3\cdot\dfrac{1}{5^2}=\dfrac{4}{5}+\dfrac{3}{25}$

$\qquad =0.8+0.12=\mathbf{0.92}$

(3) $14=1\cdot2^3+1\cdot2^2+1\cdot2^1+0\cdot2^0$

$\qquad =\mathbf{1110_{(2)}}$

(4) $0.875=3\cdot\dfrac{1}{4^1}+2\cdot\dfrac{1}{4^2}=\mathbf{0.32_{(4)}}$

(3)
$$
\begin{array}{r}
2\,)\ 14 \quad\text{余り} \\
2\,)\ \ 7 \cdots 0 \\
2\,)\ \ 3 \cdots 1 \\
\ \ 1 \cdots 1
\end{array}
$$
かく順序

(4)
$$
\begin{array}{r}
0].875 \\
\times\quad 4 \\
\hline
3].500 \\
\times\quad 4 \\
\hline
2].0
\end{array}
$$

エクセル p 進法で 123.45 は 10進法で ➡ $1\cdot p^2+2\cdot p^1+3\cdot p^0+4\cdot\dfrac{1}{p^1}+5\cdot\dfrac{1}{p^2}$

例題165 **n 進法の表記** 類**427**

5進法で表された2桁の自然数 n を9進法で表すと，数字の並びが反対の順になった。この自然数を10進法で表せ。

解 条件より n を $ab_{(5)}=ba_{(9)}$ と表すと

$\qquad a\cdot5+b=b\cdot9+a$　…①

　　　　　◯ $ab_{(5)}$ と $ba_{(9)}$ を 10進法で表す

ただし，a，b は $1\leqq a\leqq4$，$1\leqq b\leqq4$ の自然数である。

　　　　　◯ 5進法で使われる数は 4 以下である

①より　$4a=8b$　よって　$a=2b$

これを満たす a，b は　$a=2$，$b=1$　このとき　$2\times5+1=11$

$\qquad\qquad\qquad\qquad a=4$，$b=2$　このとき　$4\times5+2=22$

よって　**11 または 22**

エクセル n 進法の表記 ➡ 各位の数は $n-1$ 以下で，最高位に 0 はこない

3進法で表すと11桁の自然数 m を9進法で表すと何桁の数になるか。

解　m は3進法で表すと11桁の数であるから

$$3^{10} \le m < 3^{11}$$

$$(3^2)^5 \le m < 3 \cdot (3^2)^5$$

よって　$9^5 \le m < 3 \cdot 9^5 < 9^6$

ゆえに，m は9進法で表すと **6桁の数**

○9進法では 9^n の形で表す
そのために
$3^{11} = 3 \cdot 3^{10} = 3 \cdot 9^5$
と変形する

エクセル　n 進法で N 桁の自然数 m は ➡ $n^{N-1} \le m < n^N$ と表せる

A

422　次の計算をし，結果を2進法で表せ。　　　　　　　　　↪例題163

(1)　$1101_{(2)} + 1011_{(2)}$　　(2)　$10011_{(2)} + 10111_{(2)}$　　(3)　$11011_{(2)} - 1101_{(2)}$

(4)　$10100_{(2)} - 1001_{(2)}$　　(5)　$111_{(2)} \times 101_{(2)}$　　(6)　$100001_{(2)} \div 11_{(2)}$

423　次の数を10進法で表せ。　　　　　　　　　　　　　　↪例題164

*(1)　$10111_{(2)}$　　(2)　$1210_{(3)}$　　(3)　$443_{(5)}$　　*(4)　$0.21_{(4)}$

424　次の10進法で表された数を [　] 内の表記にせよ。　　↪例題164

*(1)　18 [2進法]　　(2)　71 [3進法]　　(3)　147 [4進法]

*(4)　503 [7進法]　　*(5)　0.625 [2進法]　　(6)　0.56 [5進法]

425　*(1)　6進法で表された $425_{(6)}$ を5進法で表せ。

(2)　3進法で表された $21021_{(3)}$ を7進法で表せ。

B

426　10進法で表された83を n 進法で表すと $123_{(n)}$ となる。このとき，n の値を求めよ。

***427**　7進法で表された2桁の自然数 m を9進法で表すと，数字の並びが反対になった。この自然数を10進法で表せ。　　↪例題165

428　2進法で表すと16桁の数は，次の進法で表すと何桁の数になるか。

(1)　4進法　　　*(2)　8進法　　　(3)　16進法　　↪例題166

64　約数と倍数

例題167　倍数の判定　　　　　　　　　　　　　　　　　　類430

3つの数 114, 243, 328 について，次の数の倍数になっているものをすべて選べ。

(1)　3の倍数　　　　(2)　4の倍数　　　　(3)　6の倍数　　　　(4)　9の倍数

解　(1)　各桁の数の和が3の倍数であるのは

114, 243　　　◖ $1+1+4=6,\ 2+4+3=9$

(2)　下2桁が4の倍数であるのは　**328**

(3)　2かつ3の倍数であるから　**114**

(4)　各桁の数の和が9の倍数であるのは

243　　　◖ $2+4+3=9$

倍数の判定法
3の倍数：各桁の数の和が3の倍数
4の倍数：下2桁が4の倍数
6の倍数：2かつ3の倍数
9の倍数：各桁の数の和が9の倍数

例題168　素因数分解と最大公約数，最小公倍数　　　　類431

84 と 90 の最大公約数と最小公倍数を求めよ。

解　84 と 90 を素因数分解すると

$84=2^2\cdot3\cdot7,\quad 90=2\cdot3^2\cdot5$

よって，最大公約数は　$2\cdot3=\mathbf{6}$

最小公倍数は　$2^2\cdot3^2\cdot5\cdot7=\mathbf{1260}$

エクセル　最大公約数 G　→　素因数分解して　{ 最大公約数 $G=$ 共通な素因数の積

最小公倍数 L　　　　　　　　　　　　 最小公倍数 $L=$ 最大公約数 $G\times$（残りの素因数）

例題169　最大公約数を用いた2数の表し方　　　　類434,435

和が 72 で，最大公約数が 9 である2つの自然数の組 $m,\ n\ (m<n)$ を求めよ。

解　最大公約数が9であるから，$m,\ n$ は

$m=9a,\ n=9b$

ただし，$a,\ b$ は互いに素で $a<b$ と表せる。

$m+n=9a+9b=9(a+b)=72$ より

$a+b=8$

$a,\ b$ は互いに素であるから　　　◖互いに素：1以外に公約数をもたない2数

$a=1,\ b=7$ または $a=3,\ b=5$

よって　$(m,\ n)=\mathbf{(9,\ 63),\ (27,\ 45)}$

2数の表し方
2数 $m,\ n$ の最大公約数が G のとき，$m=Ga,\ n=Gb$（$a,\ b$ は互いに素）と表すことができる。

エクセル　2数 $m,\ n$ は，最大公約数 G と互いに素である $a,\ b$ を用いて　→　{ $m=Ga$ / $n=Gb$ } と表す　→　$L=Gab$

429 次の数を素因数分解せよ。また，正の約数をすべて求めよ。

(1) 28 　　　　(2) 70 　　　　*(3) 104

430 4つの数 190，225，732，1620 について，次の倍数になっているものをすべて選べ。　　　　　　　　　　　　　　　　　　↩ 例題167

(1) 2の倍数　　　*(2) 3の倍数　　　*(3) 4の倍数

(4) 5の倍数　　　*(5) 6の倍数　　　(6) 9の倍数

431 次の数の最大公約数と最小公倍数を求めよ。　　　　↩ 例題168

(1) 42，54　　　　(2) 63，210　　　　*(3) 90，126，198

*__432__ n を自然数とする。次のような n をすべて求めよ。

(1) n と 36 の最小公倍数が 720　　　(2) n と 24 の最小公倍数が 504

433 次の数が自然数となるような最小の自然数 n を求めよ。

(1) $\sqrt{126n}$　　　　(2) $\sqrt{312n}$　　　　*(3) $\sqrt{\dfrac{540}{n}}$

434 次の条件を満たす 2 つの自然数 m，n の組をすべて求めよ。ただし，$m<n$ とする。　　　　　　　　　　　　　　　　　　↩ 例題169

*(1) 2数の最大公約数が 6 で，最小公倍数が 48 である。

*(2) 2数の和が 70 で，最大公約数が 10 である。

(3) 2数の積が 1764 で，最小公倍数が 252 である。

435 自然数 a，b，c が，次の(i)〜(iii)の条件を同時に満たすとき，a，b，c を求めよ。ただし，$a<b<c$ とする。　　　　　　　↩ 例題169

(i) a と b，b と c，c と a の最大公約数は，いずれも 21 である。

(ii) a と b の最小公倍数は 630 である。

(iii) b と c の最小公倍数は 882 である。

436 1 から 100 までの自然数の中で，次のような自然数の個数を求めよ。

*(1) 6 と互いに素である自然数　　　(2) 100 と互いに素である自然数

ヒント **434** (3) $m=Ga$，$n=Gb$ （a，b は互いに素）と表すと，$mn=G^2ab$，$L=Gab$ である。

65 整数の割り算と商・余り

例題170　$n=pk+r$（n は p で割ると r 余る整数）　圏437,438

整数 a は 4 で割ると 1 余り，整数 b は 4 で割ると 3 余る。このとき，次の数を 4 で割った余りを求めよ。

(1)　$2a+b$　　　　　　　　　　(2)　ab

解　a，b はある整数 k，l を用いて　$a=4k+1$，$b=4l+3$　と表せる。

(1)　$2a+b=2(4k+1)+(4l+3)=4(2k+l+1)+1$　　　　◀ $5=4+1$ に分ける

$2k+l+1$ は整数であるから，4 で割った余りは **1**

(2)　$ab=(4k+1)(4l+3)=4(4kl+3k+l)+3$

$4kl+3k+l$ は整数であるから，4 で割った余りは **3**

エクセル　p で割って r 余る整数 n ➡ $n=pk+r$（k は整数，$0\leqq r<p$）と表す

例題171　6 の倍数の証明　圏440

n が整数のとき，$2n^3-3n^2+n$ は 6 の倍数であることを証明せよ。

証明1　$2n^3-3n^2+n=n(n-1)(2n-1)$

$=n(n-1)\{(n+1)+(n-2)\}$　　　◀ $2n-1$ を $n+1$ と $n-2$
に分ける

$=\underline{(n-1)n(n+1)}+\underline{n(n-1)(n-2)}$

下線部はどちらも連続する 3 つの整数の積であるから　　◀ 連続する 3 つの整数の積
は 6 の倍数
与式は 6 の倍数である。　**終**

証明2　$2n^3-3n^2+n=2(n^3-n)+2n-3n^2+n$　　　◀ n^3-n が 6 の倍数なので
n^3-n を作る
$=2n(n+1)(n-1)-3n(n-1)$

$n(n+1)(n-1)$ は連続する 3 つの整数の積であるから 6 の倍数。

$n(n-1)$ は 2 の倍数であるから　$3n(n-1)$ は 6 の倍数。　◀ 連続する 2 つの整数の積
は 2 の倍数
よって，与式は 6 の倍数である。　**終**

証明3　$2n^3-3n^2+n=n(n-1)(2n-1)$　であり　　　◀ 2 かつ 3 の倍数であることを示し
て，6 の倍数であることを示す
$n(n-1)$ があるから与式は 2 の倍数である。

すべての整数 n は，ある整数 k を用いて　$n=3k$，$3k+1$，$3k+2$ のいずれかの形で表せる。

(i)　$n=3k$ のとき，n が 3 の倍数

(ii)　$n=3k+1$ のとき，$n-1=3k$ で $n-1$ が 3 の倍数

(iii)　$n=3k+2$ のとき，$2n-1=3(2k+1)$ で $2n-1$ が 3 の倍数

よって，与式は 2 かつ 3 の倍数であるから 6 の倍数である。　**終**

エクセル　6 の倍数の証明 ➡ ・連続する 3 つの整数の積を作る
（n^3-n を作ることが有効になることが多い）
・$n=3k$，$3k+1$，$3k+2$ と分類して代入する

140

437 7で割ると2余る自然数 a と，7で割ると5余る自然数 b がある。このとき，次の数を7で割った余りを求めよ。　　　　　　　　　　　　↵ 例題170

(1) $a+b$　　　　　　(2) ab　　　　　　(3) a^2+b^2

438 4で割ると2余る自然数 a, 6で割ると3余る自然数 b がある。このとき，次の余りを求めよ。　　　　　　　　　　　　　　　　　　　↵ 例題170

(1) $3a+b$ を6で割った余り　　　*(2) ab を12で割った余り

(3) a^2+4b を8で割った余り

***439** n が整数のとき，次の問いに答えよ。

(1) n が3の倍数でないとき，n^2+2 は3の倍数であることを証明せよ。

(2) n^2 を5で割った余りは0か1か4であることを証明せよ。

440 n が整数のとき，次の数は6の倍数であることを証明せよ。　　↵ 例題171

*(1) $8n^3-2n$　　　　　　　　　(2) $2n^3+4n$

441 (1) x, y を整数とする。$x+2y$ が5の倍数であるとき，$x+7y$ も5の倍数であることを証明せよ。

*(2) x を整数とする。$x+1$ は3の倍数であり，$x-5$ は4の倍数であるとき，$x+7$ は12の倍数であることを証明せよ。

442 *(1) n が奇数のとき，n^2-1 は8の倍数であることを証明せよ。

(2) 連続する3つの整数の3乗の和は，9の倍数であることを証明せよ。

*(3) 連続する3つの奇数の2乗の和に1を加えたものは，12の倍数であるが24の倍数でないことを証明せよ。

***443** (1) n が3の倍数でない整数のとき，n^2 を3で割った余りは1であることを証明せよ。

(2) a, b, c がどれも3の倍数でない整数ならば，$a^2+b^2+c^2$ は3の倍数であることを証明せよ。

444 $m^2=2^n+1$ を満たす自然数 m, n の組を求めよ。

──────────

ヒント **444** 2^n+1 が奇数であることに着目すれば，m が奇数であることがわかるので，$m=2k+1$ $(k=0, 1, 2, \cdots)$ とおいて，k の値を求める。

66 ユークリッドの互除法と不定方程式

例題172　ユークリッドの互除法　　　　　題445

153 と 119 の最大公約数を求めよ。

解

$$153 = 119 \cdot 1 + 34$$

$$119 = 34 \cdot 3 + 17$$

$$34 = 17 \cdot 2$$

$$
\begin{array}{r|r|r}
 & 2 & 3 & 1 \\
\hline
17)\overline{34} &)\overline{119} &)\overline{153} \\
34 & 102 & 119 \\
\hline
0 & 17 & 34 \\
\end{array}
$$

除法と最大公約数
$a = b\,q + r$
最大公約数は等しい

よって，最大公約数は **17**

エクセル　互除法 ➡ 割った数を余りで割ることを繰り返し，割り切れるまで割る

例題173　$ax+by=1$ の整数解(1)　　　題446

互除法を利用して，不定方程式 $53x+37y=1$ の整数解を 1 組求めよ。

解

$$53 = 37 \cdot 1 + 16 \quad \longrightarrow \quad 16 = 53 - 37 \cdot 1 \quad \cdots ①$$

$$37 = 16 \cdot 2 + 5 \quad \longrightarrow \quad 5 = 37 - 16 \cdot 2 \quad \cdots ②$$

$$16 = 5 \cdot 3 + 1 \quad \longrightarrow \quad 1 = 16 - 5 \cdot 3 \quad \cdots ③$$

③に，②，①を順次代入する。

$$1 = 16 - (37 - 16 \cdot 2) \cdot 3$$

◁②より　$5 \longrightarrow 37 - 16 \cdot 2$

$$= 16 \cdot 7 - 37 \cdot 3$$

$$= (53 - 37 \cdot 1) \cdot 7 - 37 \cdot 3$$

◁①より　$16 \longrightarrow 53 - 37 \cdot 1$

$$= 53 \cdot 7 + 37 \cdot (-10)$$

よって，整数解の 1 組は　$x=7,\ y=-10$

例題174　$ax+by=1$ の整数解(2)　　　題446,447

不定方程式 $11x+5y=1$ …① の整数解をすべて求めよ。

解　$x=1,\ y=-2$ は解の 1 つであるから

$$11 \cdot 1 + 5 \cdot (-2) = 1 \quad \cdots ②$$

①－②より　$11(x-1)+5(y+2)=0$

すなわち　$11(x-1)=5(-y-2)$

11 と 5 は互いに素であるから，整数 k を用いて，

$x-1=5k,\ -y-2=11k$ と表せる。

よって　$x=5k+1,\ y=-11k-2$（k は整数）

◁ 方程式の解を 1 つ見つける。
直感的に求めてもよいし，
次のように求めてもよい

$$y = \dfrac{1-11x}{5} = -2x + \dfrac{1-x}{5}$$

$x=1$ のとき，y は整数
になり，$y=-2$

エクセル　$\begin{cases} ax+by=1 \ \cdots① \\ \text{の整数解} \end{cases}$ ➡ 解の 1 つ $(x_0,\ y_0)$ を見つけて $ax_0+by_0=1$ …② とし，①－② より $a(x-x_0)+b(y-y_0)=0$ を作る

等式 $xy+3x+2y=1$ を満たす整数解をすべて求めよ。

解 $xy+3x+2y=1$ は

$(x+2)(y+3)-6=1$

$(x+2)(y+3)=7$ と変形できる。

$x+2$, $y+3$ は整数であるから,

右の組合せがある。

これより,x, y の整数解は

$(x, y)=(-1, 4), (5, -2), (-3, -10), (-9, -4)$

◎ $(x+\bigcirc)(y+\bullet)-\bigcirc\times\bullet=1$

$3x$ $2y$

$x+2$	1	7	-1	-7
$y+3$	7	1	-7	-1

7 を整数の積ですべて表す

エクセル $xy+ax+by=c$ の整数解 ➡ $(x+b)(y+a)=k$ と変形する

A

445 互除法を利用して,次の 2 つの数の最大公約数を求めよ。　　↩ 例題172

*(1) 138, 391 　　　(2) 527, 1457 　　　(3) 522, 8178

(4) 1829, 2301 　　*(5) 4609, 9637 　　(6) 3759, 4494

446 次の不定方程式の整数解をすべて求めよ。　　↩ 例題173,174

(1) $2x+5y=1$ 　　*(2) $7x+4y=1$ 　　(3) $5x-8y=1$

(4) $25x+17y=1$ 　　(5) $55x+73y=1$ 　　*(6) $43x-19y=1$

B

447 次の不定方程式の整数解をすべて求めよ。　　↩ 例題174

(1) $11x-7y=5$ 　　*(2) $18x+7y=10$ 　　(3) $59x+25y=2$

448 1 缶 80 円のお茶と,1 缶 110 円のコーヒーを何缶かずつ買ったところ,代金は 1000 円だった。お茶とコーヒーは何缶ずつ買ったか。

449 次の等式を満たす自然数 x, y の組をすべて求めよ。　　↩ 例題175

*(1) $xy=10$ 　　(2) $(x+2)(y-3)=12$ 　　*(3) $(2x-1)(y+5)=18$

450 次の等式を満たす整数解をすべて求めよ。　　↩ 例題175

(1) $xy-2x-y=3$ 　　　　*(2) $xy+x-3y=9$

(3) $2xy-2x+y-10=0$ 　　　*(4) $3xy+x+2y-1=0$

451 次の等式を満たす整数解をすべて求めよ。

*(1) $\dfrac{1}{x}+\dfrac{1}{y}=\dfrac{1}{3}$ 　　　　(2) $\dfrac{5}{x}+\dfrac{2}{y}=2$

Step UP 例題176 p で割ると r 余り，q で割ると s 余る整数

3 で割ると 1 余り，5 で割ると 3 余る整数 n を 15 で割った余りを求めよ。

解 整数 n は，$n=3p+1$，$n=5q+3$ （p，q は整数）と表せる。

$$3p+1=5q+3 \quad \text{より} \quad 3p-5q=2 \quad \cdots①$$
$$3\cdot4-5\cdot2=2 \quad \cdots②$$

①－②より $3(p-4)-5(q-2)=0$

$$3(p-4)=5(q-2)$$

3 と 5 は互いに素であるから

$p-4=5k$ （k は整数）すなわち $p=5k+4$ と表せる。

よって，$n=3(5k+4)+1=15k+13$ より

15 で割った余りは **13**

*__452__ 5 で割ると 3 余り，7 で割ると 4 余る整数 n を 35 で割った余りを求めよ。

Step UP 例題177 二元二次不定方程式の解

(1) $2x^2-xy-y^2+4x-y+2$ を因数分解せよ。

(2) $2x^2-xy-y^2+4x-y+2=5$ の整数解をすべて求めよ。

解 (1) $2x^2-(y-4)x-(y^2+y-2)$

$=2x^2-(y-4)x-(y+2)(y-1)$

$=(x-y+1)(2x+y+2)$

$$\begin{array}{ccc} 1 & -(y-1) & \longrightarrow & -2y+2 \\ 2 & (y+2) & \longrightarrow & y+2 \\ \hline & & & -y+4 \end{array}$$

(2) $(x-y+1)(2x+y+2)=5$ より $x-y+1$，$2x+y+2$ は整数であるから

$x-y+1$	1	5	-1	-5	$\cdots①$
$2x+y+2$	5	1	-5	-1	$\cdots②$

◯ 整数となる組合せを作る
（表にするとわかりやすい）

①，②より $3x+3=6$，または $3x+3=-6$ であるから $x=1$，-3

$x=1$ のとき $y=1$，-3

$x=-3$ のとき $y=-1$，3

◯ y は $x-y+1=1$，$x-y+1=5$ などそれぞれに代入して求める

よって $(x,\ y)=(1,\ 1),\ (1,\ -3),\ (-3,\ -1),\ (-3,\ 3)$

エクセル 二元二次不定方程式 $\Rightarrow$ $(ax+by+c)(px+qy+r)=k$ の形を考える

__453__ 次の不定方程式の整数解を求めよ。

(1) $3x^2+2xy-y^2=7$ (2) $x^2-xy-2y^2=4$

__454__ (1) $2x^2+xy-y^2-3x+3y-2$ を因数分解せよ。

(2) $2x^2+xy-y^2-3x+3y=8$ の整数解をすべて求めよ。

連続する2つの自然数 n と $n+1$ は互いに素であることを証明せよ。

証明 n と $n+1$ が互いに素でないと仮定すると　　　◯ 結論を否定する

k を2以上の自然数として

$\quad n=ka,\ n+1=kb \quad (b>a \text{ の自然数})$　　　◯ n と $n+1$ を公約数 k を用いて表す

と表せる。これより n を消去すると

$\quad ka+1=kb \quad$ より $\quad k(b-a)=1$

左辺は $k≧2,\ b-a≧1$ の自然数であるから　　　◯ 左辺＝右辺 とならない根拠を示す

2以上となり矛盾する。

よって，n と $n+1$ は互いに素である。　**終**

エクセル 2数が互いに素であることの証明 → 2数に2以上の公約数があると仮定して背理法で示す方法が有効

- -

455 $a,\ b$ が互いに素である整数のとき，$2a+3b$ と $a+2b$ も互いに素であることを示せ。

****456** n が整数のとき，n^2 を3で割った余りは0か1である。これを利用して $a,\ b,\ c$ が整数で $a^2+b^2=c^2$ のとき，a または b は3の倍数であることを示せ。

$N=n^2-14n+45$ が素数となるような自然数 n をすべて求めよ。

解 $\quad n^2-14n+45=(n-5)(n-9)$

$\qquad\qquad\qquad\quad =(5-n)(9-n)$

$n-5>n-9,\ 5-n<9-n$ であるから　　　◯ $\begin{cases} n-5>0 \\ n-9>0 \end{cases} \begin{cases} n-5<0 \\ n-9<0 \end{cases}$ の場合が考えられる

$\quad n-9=1 \ \cdots① \quad$ または $\quad 5-n=1 \ \cdots②$

が必要条件である。

①のとき $n=10$ より $N=5\cdot1=5$ （素数）

②のとき $n=4$ より $N=1\cdot5=5$ （素数）

よって　　**$n=4,\ 10$**

エクセル $a,\ b\ (a<b)$ が自然数で，積 ab が素数 → 小さい方の a は1

- -

457 n を自然数とする。次の式で表される N が素数となるような n をすべて求めよ。

　**(1) $N=n^2-12n+27$　　　　　(2) $N=n^3-8$

復習問題

場合の数と確率

30 a, b, c, d, e, f を1列に並べるとき，次のような並べ方は何通りあるか。
(1) a が左端にきて，f が右端にくる　　(2) a と f がいずれも両端にこない
(3) 左から a, b, c の順に並ぶ　　　　(4) a, b, c の3つが隣り合う
(5) a, b, c のどの2つも隣り合わない

31 1から10までの整数から異なる3個を取り出すとき，次の場合の数は何通りあるか。
(1) 偶数を少なくとも1個含む　　　(2) 最小の数が3である

32 7人の中から5人が選ばれて円形に座る。座り方は何通りあるか。

33 赤球5個，白球4個，青球3個が入っている袋から3個の球を取り出すとき，
次の確率を求めよ。
(1) 3個とも同じ色の球が出る　　　(2) 3個とも異なる色が出る
(3) 2種類の色の球が出る

34 6本中2本の当たりくじを含むくじから，A，Bの2人がこの順に1本ずつくじ
を引く。このとき，Bが当たりくじを引いたとき，Aも当たりくじを引いている確
率を求めよ。ただし，引いたくじはもとに戻さない。

35 数直線上の原点 $x=0$ に点Pがある。1個のさいころを投げて1または2の目
が出たらPは右に1だけ進み，3以上の目が出たら動かないものとする。さいころ
を5回投げ終えたとき，次の確率を求めよ。
(1) 点Pが $x=3$ の位置にある　　　(2) 5回目にはじめて $x=3$ 上にくる

36 1枚の硬貨を続けて投げるゲームを行い，表が2回出たら終わることにする。
ただし，6回投げても表が2回出ないときは6回で終わることにする。このとき，
終わる回数の期待値を求めよ。

思考力 37 8個の球と2つの箱がある。この8個の球を2つの箱に入れるとき，次のような
場合の入れ方は何通りあるか。ただし，空箱はないものとする。
(1) 8個の球と2つの箱のどちらも区別がつかないとき。
(2) 8個の球の区別はつかないが，2つの箱はA，Bと区別できるとき。
(3) 球に1から8までの数字をかいて区別し，箱は区別しないとき。
(4) 球に1から8までの数字をかいて区別し，箱もA，Bと区別するとき。

38 右の図の点 A から点 J までの 10 個の点は等間隔 $\underset{\text{A B C D E F G H I J}}{\rule{0pt}{0pt}}$ A B C D E F G H I J

である。次の□を適切にうめよ。

(1) 点 B は線分 AE を □:□ に内分する。また，点 B は線分 EA を □:□ に内分する。

(2) 点 F は線分 DC を □:□ に外分する。

(3) 点 J は線分 DF を □:□ に外分する。また，DF:FJ=□:□ である。

39 AB=AC=9，BC=6 の △ABC において，次の問いに答えよ。

(1) △ABC の面積 S を求めよ。

(2) △ABC の内接円の半径 r を求めよ。

40 △ABC の辺 AB，AC の中点をそれぞれ L，M とし，2 直線 BM と CL の交点を G とする。また，直線 AG と辺 BC の交点を N とする。

(1) チェバの定理を用いて，△ABC の 3 本の中線が 1 点で交わることを証明せよ。

(2) メネラウスの定理を用いて，AG:GN=2:1 であることを証明せよ。

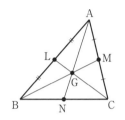

41 右の図の角の大きさ x，y を求めよ。ただし，O は円の中心で，(2)では AC=AD，(3)の TA，TC は円の接線である。

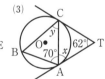

42 半径 r の円 O と，半径 $3r$ の円 O′ がある。中心間の距離 OO′=10 であるとき，2 円 O，O′ が 2 点で交わるような r の値の範囲を求めよ。

思考力 **43** 右の図の正四面体 ABCD において，AC を 2:1 に内分する点を P とするとき，次の問いに答えよ。

(1) AD を 3:2 に内分する点を Q とすると，四面体 ABPQ の体積は四面体 ABCD の体積の何倍か。

(2) AD 上に点 R をとると，四面体 ABPR の体積が四面体 ABCD の体積の $\dfrac{1}{2}$ になった。このとき，点 R は AD をどのような比に内分するか。

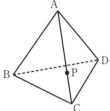

数学と人間の活動

44 次の数を [ ] 内の表記にせよ。

(1) $12212_{(3)}$ [4 進法]   (2) $2351_{(6)}$ [5 進法]   (3) $0.12_{(4)}$ [2 進法]

45 n を 2 以上の自然数とする。10 進数の 70 を n 進法で表すと $154_{(n)}$ となるとき，n を求めよ。

46 4 桁の自然数 $415a$ が次のような数になるとき，a の値をすべて求めよ。

(1) 4 の倍数   (2) 6 の倍数   (3) 3 の倍数であるが 9 の倍数でない

47 $\dfrac{n}{28}$ と $\dfrac{n}{54}$ がともに自然数となるような最小の自然数 n を求めよ。

48 縦 2 m 52 cm，横 3 m 12 cm の長方形の床に，1 辺の長さが a cm の正方形のタイルをすき間なく敷きつめたい。タイルをできるだけ大きくするには，a の値をいくらにすればよいか。また，そのときの必要なタイルの枚数を求めよ。ただし，a は自然数とする。

49 連続する 2 つの偶数の 2 乗の和は，4 の倍数であるが，8 の倍数でないことを証明せよ。

50 (1) 方程式 $5x-3y=1$ を満たす整数解を 1 つ求めよ。

(2) 方程式 $5x-3y=7$ を満たす自然数の組 $(x,\ y)$ を，x の値が小さいものから順に並べる。このとき，第 10 番目の組を求めよ。

51 7 で割ると 5 余り，11 で割ると 6 余る自然数 n のうち，3 桁の最小の数を求めよ。

思考力 52 (1) n を自然数とするとき，次のア，イにあてはまる数を答えよ。

$$3n+28=(n+4)\cdot \boxed{\ ア\ }+16$$

が成り立つから，$3n+28$ と $n+4$ の最大公約数は，$n+4$ と $\boxed{\ イ\ }$ の最大公約数に等しい。

(2) $3n+28$ と $n+4$ の最大公約数が 8 になるような 50 以下の自然数 n をすべて求めよ。

148

数学Ⅰ

1章 数と式

1 (1) 4次，係数 2
x について 2次，係数 $2yz$
(2) 7次，係数 -6
y について 3次，係数 $-6a^2bc$
a，b について 3次，係数 $-6cy^3$

2 (1) 整式の次数は 2次
x について 2次
x^2 の係数は 1，x の係数は $-3y-1$
定数項は y^2+y-1
(2) 整式の次数は 4次，x について 3次
x^3 の係数は 3，x^2 の係数は y^2+5
x の係数は $-3y$，定数項は $4y^2$
(3) 整式の次数は 5次，a について 2次
a^2 の係数は $5b^3-3b$，
a の係数は $-4b^2+b$，定数項は $4b^2$

3 (1) $-x^3+x^2+x+1$
(2) $5m^2-5mn+5n^2$ (3) $-x^2+2y^2$

4 (1) $-x^2+7x$ (2) x^2-3x-1
(3) $5x^2+12x-17$

5 (1) $-\dfrac{2}{3}x^2-\dfrac{1}{6}x-\dfrac{5}{2}$
(2) $\dfrac{4}{3}x^2-\dfrac{7}{6}x-\dfrac{3}{2}$ (3) $a+2b+5c$
(4) $x+y+z$

6 (1) $2xy+3y^2$ (2) $6x^2-xy+6y^2$
(3) $6x^2+y^2$ (4) $6x^2-6xy-8y^2$

7 $A=x^2+2$ $B=2x-3$

8 $x^2-3xy-y^2$

9 (1) a^7 (2) a^4b^2 (3) a^3b^4
(4) $-abx^3y^3$ (5) a^{24}

10 (1) $3x^4-6x^3+9x^2$
(2) $4x^4+x^3+5x^2+2x-6$ (3) x^3+1
(4) $x^4+3x^3+4x^2+5x-3$
(5) $2a^3+a^2b-3ab^2+b^3$
(6) $2x^5-2x^4y+8x^3y^2-3x^3y-2x^2y^2$
$\qquad -7xy^3-20y^4$

11 (1) $4x^2+4x+1$ (2) $9a^2-12ab+4b^2$

(3) $4a^2+20ab+25b^2$ (4) $9x^2+3x+\dfrac{1}{4}$
(5) x^2-36 (6) $4a^2-9b^2$
(7) $-9x^2+25y^2$ (8) $x^2-y^2z^2$
(9) a^4-b^2

12 (1) x^2+x-12 (2) $a^2b^2-4ab-21$
(3) $8a^2+6a+1$ (4) $6x^2+5x-4$
(5) $12x^2-7xy-10y^2$
(6) $6a^2-11ab-10b^2$
(7) $5a^2+14ab-3b^2$ (8) $4x^2-20x+21$
(9) $-15a^2b^2+19ab-6$

13 (1) $x^3-6x^2+12x-8$
(2) $27x^3+108x^2+144x+64$
(3) $8x^3-36x^2y+54xy^2-27y^3$

14 (1) a^3+8 (2) $125x^3-1$
(3) $27a^3+64b^3$ (4) $125a^3-8b^3$

15 (1) a^5-b^5 (2) a^5+b^5
(3) $a^3+b^3+c^3-3abc$

16 (1) $a^2+2ab+b^2-1$ (2) x^4+3x^2+4
(3) $a^2-6b^2-ab+2a-b+1$
(4) $4x^2-y^2-2yz-z^2$
(5) $a^4-9a^2+12a-4$
(6) $2x^2-y^2-z^2+xy+2yz-zx$

17 (1) $x^2+y^2+2xy+4x+4y+4$
(2) $x^2+4y^2+4xy-2x-4y+1$
(3) $4a^2+b^2+9c^2-4ab+6bc-12ca$
(4) $x^4+2x^3+3x^2+2x+1$

18 (1) x^4-18x^2+81
(2) $a^4-8a^2b^2+16b^4$ (3) $16x^4-y^4$
(4) $a^8-2a^4b^4+b^8$

19 (1) $x^4-4x^3+x^2+6x$
(2) $x^4-2x^3-13x^2+14x+24$
(3) $x^4-5x^3-30x^2+40x+64$
(4) $2x^4+4x^3+x^2-x-3$

20 (1) x^6-19x^3-216
(2) $4a^4-37a^2b^2+9b^4$
(3) x^9-1 (4) $x^6-3x^4+3x^2-1$

21 (1) $x^2-ax+\dfrac{1}{4}a^2-\dfrac{1}{4}b^2$

(2) $a^2+b^2+c^2-ab-bc-ca$

(3) $x^3+\dfrac{1}{x^3}$ (4) x^3+y^3

22 (1) $a^2-b^2+c^2-d^2-2ac+2bd$

(2) $a^{16}+a^8+1$ (3) $8ac$

23 (1) $3xy^2(y-6x)$ (2) $3xy(x+3y+2)$

(3) $(a-b)(x+3)$ (4) $(a-3b)(a-b)$

(5) $2x(x+y)$ (6) $3x(x-1)$

24 (1) $(a+6)^2$ (2) $(7a-1)^2$

(3) $(2x+3y)^2$ (4) $(5x-2y)^2$

(5) $\left(x-\dfrac{1}{2}y\right)^2$ (6) $\left(3a-\dfrac{1}{4}b\right)^2$

25 (1) $(2x+9y)(2x-9y)$

(2) $(5b+4a)(5b-4a)$

(3) $3(3x+2y)(3x-2y)$

26 (1) $(x+6)(x-2)$ (2) $(x+7)(x-2)$

(3) $(3x+5)(x-2)$ (4) $(2a+1)(a+2)$

(5) $(5a-4)(2a-3)$ (6) $(3a+5)(3a-4)$

(7) $(2x+y)(x-3y)$ (8) $(6x-y)(2x+y)$

(9) $(2x-3y)(3x+5y)$

(10) $(3a+5b)(a-7b)$

(11) $(2x-3y)(3x-2y)$

(12) $(3a+4b)(a-2b)$

27 (1) $(a-b-3)^2$ (2) $(2x-1)(x-1)$

(3) $(x+y-4)(x+y+6)$

(4) $(x+y+z)(x+y-3z)$

(5) $(x+3)^2(x-2)^2$

(6) $(x-1)(x+1)(x+2)(x+4)$

(7) $-3(x-y)(x+y)$

(8) $(a-b)^2(m+n)(m-n)$

(9) $(x+y+2)(x-y-2)$

(10) $(3a-b+2c)(3a-b-2c)$

28 (1) $(x^2+9y^2)(x+3y)(x-3y)$

(2) $(x^2+3)(x+1)(x-1)$

(3) $(x+3)^2(x-3)^2$

(4) $(x^2+3y^2)(x+2y)(x-2y)$

(5) $(3a+2b)^2(3a-2b)^2$

(6) $(2x+y)(2x-y)(x+3y)(x-3y)$

(7) $(3x+4y)(3x-4y)(x^2+y^2)$

(8) $a(a^2+4)(a+2)(a-2)$

29 (1) $(a-2)(a+2b)$ (2) $(x-1)(y-1)$

(3) $(p-1)(p-q+1)$ (4) $(a+b)(b+c)$

(5) $(a-1)(ab+b+1)$

(6) $(a+b)(a-b)(c-1)$

(7) $(a+b)(ab-bc+ca)$

(8) $(2b-1)(b-c+3)$

30 (1) $(a-b-c)^2$

(2) $(x+y+1)(x-y+1)$

(3) $(x-a-3)(x+a+6)$

(4) $(ax-1)(x-1)$ (5) $(ax+1)(bx-1)$

(6) $(ax-b)(bx+a)$

(7) $(3x+y-1)(x-y)$

(8) $(2x-y+1)(x-2y-1)$

31 (1) $(x+y+1)(x+y-1)$

(2) $(x-y)(x+y-1)$

(3) $(x+y+1)(x+y+3)$

(4) $(x-2y-1)(x-y+3)$

(5) $(2x-3y+1)(x-3y-2)$

(6) $(2x-3y+1)(3x+2y-1)$

(7) $(2x-y+1)(x+2y+3)$

(8) $(2x+2y-z)(x-2y+z)$

32 (1) $(a-2)(a+1)(a+b)$

(2) $(a+b+1)(a-b+c)$

(3) $(ax^2+x-2)(ax+x+2)$

33 (1) $(a+b)(b+c)(c+a)$

(2) $(ab+bc+ca)(a+b+c)$

(3) $(a+b)(b+c)(c+a)$

(4) $(ab+bc+ca)(a+b+c)$

34 (1) $(a-2)(a+3)(a-3)$ (2) $(x+2)^3$

(3) $(x-2)(x+3)(x^2+x-8)$

(4) $(a-b+1)(a-c+1)$

35 (1) $(x^2+x+2)(x^2-x+2)$

(2) $(x^2+x+3)(x^2-x+3)$

(3) $(x^2+4x+8)(x^2-4x+8)$

(4) $(a^2+2ab-2b^2)(a^2-2ab-2b^2)$

(5) $(x^2+5xy-2y^2)(x^2-5xy-2y^2)$

(6) $(2a^2+3ab+3b^2)(2a^2-3ab+3b^2)$

36 (1) $(a-4)(a^2+4a+16)$

(2) $(3a+5)(9a^2-15a+25)$

(3) $3(2x-3y)(4x^2+6xy+9y^2)$

37 (1) $(x+1)^3$ (2) $(x-2)^3$

(3) $(2x+1)^3$ (4) $(3x-2y)^3$

38 (1) $y(2x+3y)(4x^2-6xy+9y^2)$

(2) $a(ab-3c)(a^2b^2+3abc+9c^2)$

(3) $(x+1)(x-2)(x^2-x+1)(x^2+2x+4)$

(4) $(x+2y)(x-2y)(x^2+2xy+4y^2)$
    $\times(x^2-2xy+4y^2)$

39 (1) $(x+y+z)(x^2+y^2+z^2-xy-yz-zx)$
  (2) $(x+2y+3)(x^2+4y^2-2xy-3x-6y+9)$

40 (1) $(a-b)(a-b-2c)$
  (2) $(xy+x+1)(xy+y+1)$
  (3) $(a+b)(a-b)(c+d)(c-d)$
  (4) $(a^2+b^2)(c^2+d^2)$
  (5) $(x+1)(x-a)(x+a-1)$

41 (1) $-(a-b)(b-c)(c-a)(a+b+c)$
  (2) $3(a+b+c)(a^2+b^2+c^2)$

42 (1) $(a-c)(b-c)(ab+bc+ca)$
  (2) $(x-a)(x-b)(x-c)$

43 $\dfrac{11}{40}$, $\dfrac{1}{160}$, $\dfrac{13}{256}$

44 (1) 0.375 (2) $1.\dot{6}$ (3) $-1.0\dot{9}$
  (4) $0.2\dot{9}\dot{6}$ (5) $\dfrac{5}{9}$ (6) $\dfrac{50}{11}$ (7) $\dfrac{115}{333}$
  (8) $\dfrac{11}{90}$

45 (1) 7 (2) $\sqrt{5}-2$ (3) $4-\pi$ (4) 2
46 (1) ± 8 (2) 11 (3) 9 (4) $-1+\sqrt{2}$
47 (1) $6\sqrt{6}$ (2) $-\sqrt{5}$ (3) 0
  (4) $7\sqrt{2}$ (5) $8+2\sqrt{15}$ (6) $11-4\sqrt{6}$
  (7) 2 (8) $18+5\sqrt{10}$

48 (1) $\dfrac{4\sqrt{2}}{3}$ (2) $3+\sqrt{6}$ (3) $7-4\sqrt{3}$
  (4) $2+\sqrt{3}$

49 (1) 1 (2) $-7-6\sqrt{2}$
  (3) 8 (4) $\sqrt{7}-2$

50 $\dfrac{3\sqrt{2}-2\sqrt{3}+\sqrt{30}}{12}$

51 (1) 1 (2) -4 (3) 14 (4) -52
  (5) 194 (6) -724
52 (1) 7 (2) 18 (3) $\sqrt{5}$
53 (1) 12 (2) 36 (3) -17
54 (1) 5 (2) $2\sqrt{2}-2$ (3) 4
55 (1) $\sqrt{7}+\sqrt{3}$ (2) $3+\sqrt{6}$
  (3) $\sqrt{7}-\sqrt{2}$ (4) $\sqrt{6}-\sqrt{5}$

56 (1) $2\sqrt{2}-\sqrt{3}$ (2) $\dfrac{\sqrt{10}+\sqrt{2}}{2}$
  (3) $\dfrac{3\sqrt{2}-\sqrt{14}}{2}$

57 (1) 0 (2) $-1+\sqrt{5}$
58 (1) $x>2$ (2) $x\geqq 1$ (3) $x>4$

(4) $x\geqq-\dfrac{7}{3}$ (5) $x>3$ (6) $x<-20$

59 (1) $-5\leqq x<2$ (2) $x<\dfrac{5}{2}$
  (3) $\dfrac{6}{5}\leqq x<\dfrac{7}{2}$ (4) $-2\leqq x\leqq 3$
  (5) $-\dfrac{3}{5}<x\leqq\dfrac{4}{3}$

60 (1) 5
  (2) $x<2+2\sqrt{2}$, $x=1$, 2, 3, 4

61 15 人

62 $x>\dfrac{a-1}{2}$, $11\leqq a<13$

63 $3\leqq a<5$
64 10 脚以上 14 脚以下
65 (1) $a=3$ (2) $a=0$
66 $a>0$ のとき $x\geqq a$
  $a=0$ のとき すべての実数
  $a<0$ のとき $x\leqq a$
67 (1) $x=\pm 5$ (2) $-9<x<9$
  (3) $x\leqq-6$, $6\leqq x$
68 (1) $-a-4$ (2) $a+4$
69 (1)(i) $a<-3$ のとき $-a-3$
    (ii) $a\geqq-3$ のとき $a+3$
  (2)(i) $x<\dfrac{2}{3}$ のとき $-3x+2$
    (ii) $x\geqq\dfrac{2}{3}$ のとき $3x-2$

70 (1) $x=-2$, 4 (2) $x=-9$, -1
  (3) $x=-5$, 2 (4) $x<-8$, $4<x$
  (5) $-\dfrac{1}{5}\leqq x\leqq 1$ (6) $x<-\dfrac{1}{2}$, $\dfrac{3}{2}<x$

71 (1) $-2x+3$ (2) 3 (3) $2x-3$
72 (1) $x=\dfrac{2}{5}$ (2) $x=-4$, $-\dfrac{2}{3}$
  (3) $1\leqq x\leqq 4$

73 (1) $x=-3$, 4 (2) $-2<x<4$
  (3) $x\leqq 1$, $5\leqq x$
74 (1)(i) $x<3$ のとき $-x+3$
    (ii) $x\geqq 3$ のとき $x-3$
  (2)(i) $x<0$ のとき $-3x+5$
    (ii) $0\leqq x<\dfrac{5}{2}$ のとき $-x+5$
    (iii) $x\geqq\dfrac{5}{2}$ のとき $3x-5$

75 2

数 I
こたえ

151

2章 集合と論証

76 (1) $\in$ (2) $\notin$ (3) $\supset$ (4) $\subset$

77 (1) $A=\{1,\ 2,\ 3,\ 4,\ 6,\ 8,\ 12,\ 24\}$
(2) $B=\{-4,\ 0,\ 4,\ 8\}$

78 (1) $A \supset B$ (2) $A \subset B$ (3) $A=B$

79 $\{1,\ 2,\ 3\},\ \{1,\ 2,\ 4\},\ \{1,\ 3,\ 4\},$
$\{2,\ 3,\ 4\}$

80 (1) $A \cap B=\{3,\ 7\}$
$A \cup B=\{0,\ 1,\ 2,\ 3,\ 5,\ 7\}$
(2) $A \cap B=\varnothing$
$A \cup B=\{1,\ 2,\ 3,\ 4,\ 6,\ 8,\ 9\}$
(3) $A \cap B=\{3,\ 5,\ 7\}$
$A \cup B=\{2,\ 3,\ 5,\ 7\}$

81 (1) $\{2,\ 4,\ 6,\ 8\}$ (2) $\{2,\ 6\}$
(3) $\{1,\ 3,\ 4,\ 5,\ 7,\ 8,\ 9\}$
(4) $\{1,\ 2,\ 4,\ 5,\ 6,\ 7,\ 8\}$
(5) $\{4,\ 8\}$ (6) $\{1,\ 2,\ 4,\ 5,\ 6,\ 7,\ 8\}$
(7) $\{4,\ 8\}$ (8) $\{1,\ 5,\ 7\}$

82 (1) $\{1,\ 4,\ 5,\ 7\}$
(2) $\{1,\ 5\}$ (3) $\{3,\ 6\}$

83 (1) $k=3,\ 8$ (2) $k=7,\ 9$

84 (1) $\{x \mid -2 \leqq x<1\}$
(2) $\{x \mid x \geqq 3$ または $4<x\}$
(3) $\{x \mid x<-2$ または $3<x\}$
(4) $\{x \mid 1 \leqq x \leqq 3\}$
(5) $\{x \mid x<1$ または $3<x\}$
(6) $\{x \mid 3<x \leqq 4\}$

85 $a=3,\ b=6$

86 (1) $\{x \mid 5 \leqq x\}$ (2) $\{x \mid 0<x<5\}$
(3) $\{x \mid 2 \leqq x\}$ (4) $\{x \mid 0<x\}$

87 (1) $a<-1$ (2) $2 \leqq a<3$
(3) $-1 \leqq a \leqq 2$

88 (1) $\{2\}$
(2) $\{1,\ 2,\ 3,\ 4,\ 5,\ 6,\ 7,\ 10,\ 11,\ 12\}$
(3) $\{1\}$ (4) $\{7,\ 11\}$
(5) $\{3,\ 4,\ 6,\ 7,\ 11,\ 12\}$ (6) $\{8,\ 9\}$

89 $a=2,\ b=5,\ A \cup B=\{2,\ 4,\ 8,\ 20\}$

90 (1) 偽 (2) 偽 (3) 偽

91 (1) 十分条件 (2) 必要条件
(3) 必要十分条件 (4) 十分条件
(5) 必要条件 (6) 十分条件

92 (1) $a \geqq 4$ (2) $-4<a<1$

93 (1) 十分 (2) 必要 (3) ×
(4) 十分 (5) 必要十分

94 $\dfrac{1}{2} \leqq a \leqq 1$

95 (1) $x \neq 0$ かつ $y \neq 0$
(2) $x,\ y,\ z$ はすべて 0 以上の数である。
(3) $x<-3$ または $5<x$
(4) $-2 \leqq x \leqq 4$

96 (1) 逆：n は 2 の倍数
$\quad\quad \Longrightarrow n$ は 4 の倍数　偽
裏：n は 4 の倍数でない
$\quad\quad \Longrightarrow n$ は 2 の倍数でない　偽
対偶：n は 2 の倍数でない
$\quad\quad \Longrightarrow n$ は 4 の倍数でない　真
もとの命題　真
(2) 逆：$x^2-x-6 \neq 0 \Longrightarrow x \neq 3$　真
裏：$x=3 \Longrightarrow x^2-x-6=0$　真
対偶：$x^2-x-6=0 \Longrightarrow x=3$　偽
もとの命題　偽
(3) 逆：$x>0$ かつ $y>0 \Longrightarrow x+y>0$　真
裏：$x+y \leqq 0 \Longrightarrow x \leqq 0$ または $y \leqq 0$　真
対偶：$x \leqq 0$ または $y \leqq 0 \Longrightarrow x+y \leqq 0$　偽
もとの命題　偽

97 (1) 略 (2) 略 (3) 略

98 (1) 否定：ある実数 x について，
$x^2-4x+3 \leqq 0$
命題は偽，否定は真
(2) 否定：すべての自然数 n について，
$\dfrac{n+6}{n+1}$ は自然数でない。
命題は真，否定は偽

99 (1) 略 (2) 略 (3) 略

100 略

101 (1) $p=-4,\ q=8$
(2) $p=-2,\ q=13$

3章 2次関数

102 (1) $y=2\pi x$ (2) $y=\dfrac{x^2}{16}$
(3) $y=\dfrac{\sqrt{3}}{4}x^2$ (4) $y=\dfrac{1}{x}$

103 (1) 6 (2) 1 (3) $\dfrac{2}{3}$ (4) $\dfrac{43}{4}$

104 (1) 第4象限 (2) 第3象限
(3) 第2象限 (4) 第2象限

105 (1) 値域 $-1 \leqq y \leqq 7$
　　最大値 7 ($x=3$ のとき)
　　最小値 -1 ($x=-1$ のとき)

(2) 値域 $-18 \leqq y \leqq 0$
　　最大値 0 ($x=0$ のとき)
　　最小値 -18 ($x=-3$ のとき)

(3) 値域 $\dfrac{3}{2} \leqq y < 3$
　　最小値 $\dfrac{3}{2}$ ($x=1$ のとき)
　　最大値はない

(4) 値域 $-1 < y < -\dfrac{1}{5}$
　　最大値・最小値はともにない

(5) 値域 $y \leqq 2$
　　最大値 2 ($x=-1$ のとき)
　　最小値はない

(6) 値域 $y < 10$
　　最大値・最小値はともにない

106 (1) $4a^2 - 10a + 3$ (2) $a^2 - 7a + 9$
(3) $3a^2 - 13a + 12$

107 (1) $a=-2,\ b=2$
(2) $a=-3,\ b=-15$
(3) $a=\dfrac{1}{2},\ b=-\dfrac{1}{2}$
　　または $a=-\dfrac{1}{2},\ b=\dfrac{3}{2}$

108 (1)

軸は y 軸
頂点は 点 $(0,\ -1)$

(2)

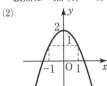

軸は y 軸
頂点は 点 $(0,\ 2)$

(3)

軸は y 軸
頂点は 点 $(0,\ -3)$

109 (1)

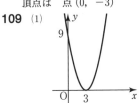

軸は 直線 $x=3$
頂点は 点 $(3,\ 0)$

(2)

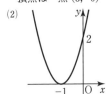

軸は 直線 $x=-1$
頂点は 点 $(-1,\ 0)$

(3)

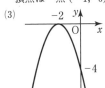

軸は 直線 $x=-2$
頂点は 点 $(-2,\ 0)$

110 (1)

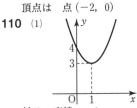

軸は 直線 $x=1$
頂点は 点 $(1,\ 3)$

(2)

軸は　直線 $x=-1$
頂点は　点 $(-1,\ -3)$

(3)

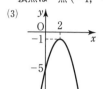

軸は　直線 $x=2$
頂点は　点 $(2,\ -1)$

(4)

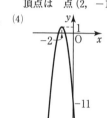

軸は　直線 $x=-2$
頂点は　点 $(-2,\ 1)$

111 (1)　$(x+2)^2-2$

(2)　$3(x-1)^2+4$

(3)　$-2(x+1)^2+1$

(4)　$-3\left(x-\dfrac{2}{3}\right)^2+\dfrac{1}{3}$

112 (1)

軸は　直線 $x=3$
頂点は　点 $(3,\ -2)$

(2)

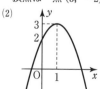

軸は　直線 $x=1$
頂点は　点 $(1,\ 3)$

(3)

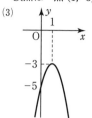

軸は　直線 $x=1$
頂点は　点 $(1,\ -3)$

(4)

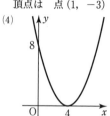

軸は　直線 $x=4$
頂点は　点 $(4,\ 0)$

(5)

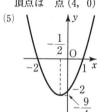

軸は　直線 $x=-\dfrac{1}{2}$

頂点は　点 $\left(-\dfrac{1}{2},\ -\dfrac{9}{4}\right)$

(6)

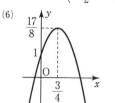

軸は　直線 $x=\dfrac{3}{4}$

頂点は　点 $\left(\dfrac{3}{4},\ \dfrac{17}{8}\right)$

113 (1) $y=3x^2+18x+26$

(2) $y=-3x^2-6x-1$

(3) $y=3x^2-6x+1$

(4) $y=-3x^2+6x-1$

(5) $y=3x^2-18x+25$

114 $y=2x^2-8x+11$

x 軸方向に $\dfrac{7}{4}$

y 軸方向に $\dfrac{33}{8}$ だけ平行移動

115 $y=-x^2+2x-2$

116 (1) $x=-1$ のとき最小値 3

　　　最大値はない

(2) $x=0$ のとき最大値 -4

　　最小値はない

(3) $x=1$ のとき最大値 -2

　　最小値はない

(4) $x=2$ のとき最小値 -3

　　最大値はない

(5) $x=-\dfrac{1}{2}$ のとき最小値 -9

　　最大値はない

(6) $x=2$ のとき最大値 3

　　最小値はない

117 (1) $x=5$ のとき最大値 8

　　　$x=2$ のとき最小値 -1

(2) $x=-1$ のとき最大値 3

　　$x=-3$ のとき最小値 -1

(3) $x=2$ のとき最大値 8

　　$x=0$ のとき最小値 0

(4) $x=-3$, -1 のとき最大値 -3

　　$x=-2$ のとき最小値 -5

118 (1) $x=-1$ のとき最小値 -3

　　　最大値はない

(2) $x=3$ のとき最大値 4

　　最小値はない

(3) $x=\dfrac{3}{2}$ のとき最小値 $-\dfrac{9}{4}$

　　最大値はない

(4) $x=-2$ のとき最大値 5

　　最小値はない

119 (1) $a=2$ 　(2) $a=3$

120 (1) $a=0$ 　(2) $a=-2$

121 (1) $a=1$

(2) $a=-2$, $b=3$

122 (1) $m=-2a^2+2a$

(2) $a=\dfrac{1}{2}$ のとき　最大値 $\dfrac{1}{2}$

123 (1)(i) $x=a$ で最小値 a^2-4a+3

(ii) $x=2$ で最小値 -1

(2)(i) $x=0$ で最大値 3

(ii) $x=0$, 4 で最大値 3

(iii) $x=a$ で最大値 a^2-4a+3

124 $\dfrac{5}{2}$ 秒後, 最大値 $\dfrac{75}{4}$ cm^2

125 12

126 (1)(i) $0<a<3$ のとき

　　　　$x=a$ で最大値 $-a^2+6a-4$

(ii) $3\leqq a$ のとき

　　$x=3$ で最大値 5

(2)(i) $0<a<6$ のとき

　　　$x=0$ で最小値 -4

(ii) $a=6$ のとき

　　$x=0$, 6 で最小値 -4

(iii) $6<a$ のとき

　　　$x=a$ で最小値 $-a^2+6a-4$

127 (1) $0<t<5$

(2) B$(10-t,\ 0)$, D$(t,\ 10t-t^2)$

(3) $l=-2t^2+16t+20$

　　$t=4$ のとき最大値 52

128 (1) $x=0$ で最小値 2

(2) $x=a$ で最小値 $-a^2+2$

(3) $x=2$ で最小値 $-4a+6$

129 (i) $a<-1$ のとき

　　　$x=-1$ で最大値 $-2a$

　　　$x=2$ で最小値 $4a-3$

(ii) $-1\leqq a<\dfrac{1}{2}$ のとき

　　　$x=a$ で最大値 a^2+1

　　　$x=2$ で最小値 $4a-3$

(iii) $a=\dfrac{1}{2}$ のとき

　　　$x=\dfrac{1}{2}$ で最大値 $\dfrac{5}{4}$

　　　$x=-1$, 2 で最小値 -1

(iv) $\dfrac{1}{2}<a\leqq 2$ のとき

$x=a$ で最大値 a^2+1

$x=-1$ で最小値 $-2a$

(v) $2<a$ のとき

$x=2$ で最大値 $4a-3$

$x=-1$ で最小値 $-2a$

130 (1) $x=a+1$ で最大値 $-a^2+3$

(2) $x=1$ で最大値 3

(3) $x=a$ で最大値 $-a^2+2a+2$

131 (1)(i) $a<1$ のとき

$M(a)=-a^2+2a+3$

(ii) $1\leqq a\leqq 2$ のとき $M(a)=4$

(iii) $2<a$ のとき $M(a)=-a^2+4a$

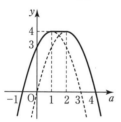

(2)(i) $a<\dfrac{3}{2}$ のとき

$m(a)=-a^2+4a$

(ii) $a=\dfrac{3}{2}$ のとき $m(a)=\dfrac{15}{4}$

(iii) $\dfrac{3}{2}<a$ のとき $m(a)=-a^2+2a+3$

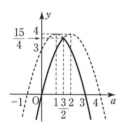

132 (1) $x=1,\ y=1$ のとき最小値 2

(2) $x=3,\ y=-8$ のとき最大値 10

133 $x=0,\ y=4$ のとき最大値 16

$x=\dfrac{8}{5},\ y=\dfrac{4}{5}$ のとき最小値 $\dfrac{16}{5}$

134 (1) $x=\pm 2$ のとき最小値 -6

(2) $x=-2\pm\sqrt{3}$ のとき最小値 -5

135 $x=1$ のとき最大値 5

$x=1+\sqrt{3}$ のとき最小値 -4

136 (1) $x=-1,\ y=2$ のとき最小値 -6

(2) $x=-2,\ y=-1$ のとき最小値 11

137 (1) $a<0$ (2) $b>0$ (3) $c>0$

(4) $b^2-4ac>0$ (5) $a+b+c>0$

(6) $a-b+c<0$

138 (1) $y=(x-3)^2-1$

(2) $y=-2(x-2)^2$ (3) $y=2(x+2)^2-2$

139 (1) $y=3x^2-3x-6$

(2) $y=-x^2-2x+4$

(3) $y=-2x^2+x+5$

140 $a=1,\ c=0$

141 (1) $y=\dfrac{1}{3}(x-2)^2+1$

(2) $y=-2(x-1)^2+6$

(3) $y=(x-2)^2-1,\ y=\dfrac{1}{9}(x-6)^2-1$

142 (1) $y=2x^2+4x+7$

(2) $y=2x^2-5x-1$

143 (1) $y=-x^2+2x+2$

(2) $y=-\dfrac{1}{9}x^2,\ y=-(x-4)^2$

(3) $y=-x^2+2x+3,\ y=-x^2+8x-9$

144 (1) $x=0,\ -\dfrac{2}{3}$ (2) $x=-6,\ 2$

(3) $x=-\dfrac{5}{2},\ \dfrac{5}{2}$ (4) $x=-\dfrac{1}{3},\ 2$

(5) $x=5$ (6) $x=\dfrac{1}{3}$

145 (1) $x=\dfrac{-3\pm\sqrt{5}}{2}$ (2) $x=\dfrac{1\pm\sqrt{13}}{2}$

(3) $x=\dfrac{2\pm\sqrt{2}}{2}$ (4) $x=\dfrac{-1\pm\sqrt{3}}{2}$

(5) $x=3\sqrt{2},\ -\sqrt{2}$ (6) $x=\sqrt{2},\ \dfrac{\sqrt{2}}{2}$

146 (1) 2 個 (2) 0 個 (3) 1 個

147 (1) $x=1,\ 6$ (2) $x=-\dfrac{10}{3},\ -2$

148 (1) $k<\dfrac{5}{4},\ x=\dfrac{-3\pm\sqrt{5-4k}}{2}$

(2) $k=\dfrac{5}{4},\ x=-\dfrac{3}{2}$

149 (1) $k=1,\ -2$

 $k=1$ のとき $x=-2$

 $k=-2$ のとき $x=1$

(2) $k=8,\ x=-\dfrac{1}{2}$

150 $k<4$ のとき 2 個

 $k=4$ のとき 1 個（重解）

 $k>4$ のとき 0 個

151 $m\geqq -\dfrac{1}{4}$

152 $k=1$ のとき，他の解は -2

 $k=2$ のとき，他の解は -1

153 (1) $(x,\ y)=(4,\ -2),\ (-2,\ 4)$

(2) $(x,\ y)=(1,\ 5),\ (5,\ 1)$

(3) $(x,\ y)=(1,\ 1),\ (2,\ 3)$

154 $k=0$ のとき共通解 0

 $k=-2$ のとき共通解 1

155 (1) $a\neq 0$ のとき $x=\dfrac{3}{a},\ 1$

 $a=0$ のとき $x=1$

(2) $a\neq 0$ のとき $x=\dfrac{2}{a},\ -a$

 $a=0$ のとき $x=0$

156 (1) $(-2,\ 0),\ (1,\ 0)$

(2) $\left(\dfrac{1-\sqrt{13}}{2},\ 0\right),\ \left(\dfrac{1+\sqrt{13}}{2},\ 0\right)$

(3) $(-2,\ 0),\ \left(\dfrac{1}{2},\ 0\right)$

(4) $\left(\dfrac{-1-\sqrt{3}}{2},\ 0\right),\ \left(\dfrac{-1+\sqrt{3}}{2},\ 0\right)$

157 (1) 0 個 (2) 1 個 (3) 2 個

158 (1) $m=\dfrac{9}{4},\ \left(-\dfrac{3}{2},\ 0\right)$

(2) $m=\pm 2\sqrt{3}$

 $m=2\sqrt{3}$ のとき，$(\sqrt{3},\ 0)$

 $m=-2\sqrt{3}$ のとき，$(-\sqrt{3},\ 0)$

(3) $m=-1,\ 4$

 $m=-1$ のとき，$(-2,\ 0)$

 $m=4$ のとき，$(3,\ 0)$

159 (1) $m<-\dfrac{3}{4}$ (2) $m>-\dfrac{3}{4}$

160 (1) $m<4$ のとき 2 個

 $m=4$ のとき 1 個

 $m>4$ のとき 0 個

(2) $m>\dfrac{1}{3}$ のとき 2 個

 $m=\dfrac{1}{3}$ のとき 1 個

 $m<\dfrac{1}{3}$ のとき 0 個

161 (1) $y=2x^2-10x+8$

(2) $y=-x^2+3x+10$

162 $m\geqq -1$

163 証明略，$x=m\pm 2$

164 (1) $2\sqrt{7}$ (2) $m=5$

165 (1) $m<\dfrac{1}{2}$ (2) $m<-\dfrac{15}{2}$

(3) $\dfrac{1}{2}<m<5$ (4) $m<-3$

166 (1) $(-1,\ -5),\ (4,\ 0)$ (2) $(1,\ 3)$

(3) $\left(\dfrac{1+\sqrt{5}}{2},\ \dfrac{1+3\sqrt{5}}{2}\right),$

 $\left(\dfrac{1-\sqrt{5}}{2},\ \dfrac{1-3\sqrt{5}}{2}\right)$

167 $m<\dfrac{5}{4}$ のとき 2 個

 $m=\dfrac{5}{4}$ のとき 1 個

 $m>\dfrac{5}{4}$ のとき 0 個

168 $m=1,\ -3$

 $m=1$ のとき $(0,\ -1)$，

 $m=-3$ のとき $(2,\ 1)$

169 $a=-1,\ b=1$

170 (1) $-3<x<2$ (2) $x<-1,\ 0<x$

(3) $x\leqq -\dfrac{1}{5},\ \dfrac{3}{2}\leqq x$ (4) $0\leqq x\leqq \dfrac{3}{2}$

(5) $1\leqq x\leqq 3$ (6) $x\leqq -2,\ 4\leqq x$

(7) $-3<x<3$ (8) $1\leqq x\leqq \dfrac{3}{2}$

(9) $x\leqq -\dfrac{4}{5},\ 0\leqq x$ (10) $-\dfrac{1}{3}<x<\dfrac{1}{2}$

171 (1) $\dfrac{1-\sqrt{13}}{2}<x<\dfrac{1+\sqrt{13}}{2}$

(2) $x\leqq 2-\sqrt{2},\ 2+\sqrt{2}\leqq x$

(3) $x\leqq \dfrac{3-\sqrt{5}}{2},\ \dfrac{3+\sqrt{5}}{2}\leqq x$

(4) $\dfrac{-1-\sqrt{6}}{5}<x<\dfrac{-1+\sqrt{6}}{5}$

172 (1) すべての実数 (2) $x=-1$

(3) $\dfrac{1}{3}$ 以外のすべての実数 (4) 解なし

173 (1) すべての実数 (2) 解なし

(3) すべての実数 (4) 解なし

174 (1) $x<2,\ 3<x$

(2) $-\dfrac{\sqrt{5}}{2}<x<\dfrac{\sqrt{5}}{2}$

(3) 2 以外のすべての実数 (4) 解なし

175 (1) $-2\leqq x<1$

(2) $-2<x\leqq 0,\ 4\leqq x<5$

(3) $-\sqrt{7}\leqq x\leqq-1,\ 1\leqq x\leqq\sqrt{7}$

(4) $-1<x\leqq 0$

(5) $x<-2-\sqrt{2},\ 3<x$

(6) $-6\leqq x<-2-\sqrt{10},\ -2+\sqrt{10}<x\leqq\dfrac{5}{2}$

176 (1) $x=2$ (2) $x=4$

177 (1) $m\leqq-4,\ 8\leqq m$

(2) $m<-\dfrac{1}{2},\ \dfrac{3}{2}<m$

178 (1) 略 (2) 略

179 $3\leqq a<5$

180 (1) $a=-1,\ b=3$

(2) $a=-2,\ b=12$ (3) $x\leqq 1,\ \dfrac{3}{2}\leqq x$

181 $0<m<3$

182 (1) $m<-2,\ 4<m$ (2) $-1<m<2$

(3) $m\leqq-1,\ 2\leqq m$

(4) $-2\leqq m<-1,\ 2<m\leqq 4$

183 (1) $-1<m<0$ (2) $0\leqq m<\dfrac{1}{2}$

184 $-8<m<1$

185 (1) $m>2$ (2) $m<-1$

(3) $-\dfrac{11}{7}<m<-1$

186 $\dfrac{3}{4}<m<1,\ 3<m<\dfrac{11}{3}$

187 略

188 (1)(i) $a<3$ のとき $a\leqq x\leqq 3$

(ii) $a=3$ のとき $x=3$

(iii) $3<a$ のとき $3\leqq x\leqq a$

(2)(i) $a>0$ のとき $x<-a,\ 2a<x$

(ii) $a=0$ のとき 0 以外のすべての実数

(iii) $a<0$ のとき $x<2a,\ -a<x$

189 (1)(i) $a>0$ のとき $a<x<4a$

(ii) $a=0$ のとき 解なし

(iii) $a<0$ のとき $4a<x<a$

(2) $\dfrac{3}{4}\leqq a\leqq 2$

190 $-5\leqq a<-4,\ 3<a\leqq 4$

191 (1)

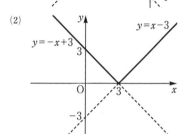

(2)

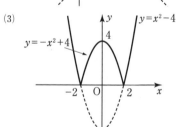

(3)

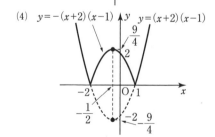

(4)

158

192 (1) $y=-2x+2$, $y=2x-2$

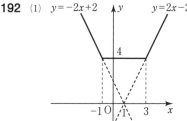

(2)

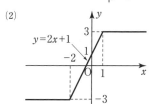

$y=2x+1$

193 (1)

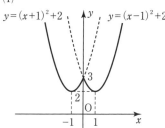

$y=(x+1)^2+2$, $y=(x-1)^2+2$

(2)

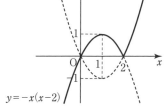

$y=x(x-2)$, $y=-x(x-2)$

(3) $y=(x+1)^2-10$, $y=-(x-1)^2+10$

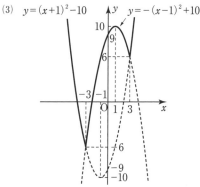

4章 図形と計量

194 (1) $\sin A=\dfrac{3}{5}$, $\cos A=\dfrac{4}{5}$, $\tan A=\dfrac{3}{4}$

(2) $\sin A=\dfrac{5}{6}$, $\cos A=\dfrac{\sqrt{11}}{6}$, $\tan A=\dfrac{5\sqrt{11}}{11}$

195 (1) $\dfrac{2+\sqrt{3}}{2}$ (2) 1 (3) 1

(4) $-\dfrac{1}{4}$

196 (1) 0.5299 (2) 0.4067 (3) 0.9325

197 (1) 39° (2) 11°

198 (1) $c\sin A$ (2) $c\cos A$

(3) $c\sin A\cos A$ (4) $c\cos^2 A$

(5) $c\sin^2 A$

199 (1) $\mathrm{BD}=2$, $\mathrm{BC}=\sqrt{6}$, $\mathrm{DC}=\sqrt{3}-1$

(2) $\mathrm{DE}=\dfrac{\sqrt{6}-\sqrt{2}}{2}$, $\mathrm{BE}=\dfrac{\sqrt{6}+\sqrt{2}}{2}$

(3) $\sin 15°=\dfrac{\sqrt{6}-\sqrt{2}}{4}$, $\cos 15°=\dfrac{\sqrt{6}+\sqrt{2}}{4}$

200 高低差 8.7 m, 水平方向 49.2 m

201 (1) $\cos A=\dfrac{\sqrt{15}}{4}$, $\tan A=\dfrac{\sqrt{15}}{15}$

(2) $\sin A=\dfrac{5}{13}$, $\tan A=\dfrac{5}{12}$

(3) $\cos A=\dfrac{2\sqrt{5}}{5}$, $\sin A=\dfrac{\sqrt{5}}{5}$

202 (1) $\cos 18°$ (2) $\sin 9°$

(3) $\dfrac{1}{\tan 23°}$

203 (1) 1 (2) 1

204 (1) 1 (2) 1

205 $\dfrac{5\sqrt{7}}{4}$

206 (1) $\dfrac{2}{3}$ (2) $\dfrac{\sqrt{5}}{3}$ (3) $\dfrac{\sqrt{5}}{2}$

207 (1) 略 (2) 略

208 (1) a (2) $\sqrt{1-a^2}$ (3) $\dfrac{\sqrt{1-a^2}}{a}$

209 (1) 2 (2) 0

210 (1) 略 (2) 略

211

θ	$0°$	$30°$	$45°$	$60°$	$90°$	$120°$	$135°$	$150°$	$180°$
$\sin\theta$	0	$\dfrac{1}{2}$	$\dfrac{1}{\sqrt{2}}$	$\dfrac{\sqrt{3}}{2}$	1	$\dfrac{\sqrt{3}}{2}$	$\dfrac{1}{\sqrt{2}}$	$\dfrac{1}{2}$	0
$\cos\theta$	1	$\dfrac{\sqrt{3}}{2}$	$\dfrac{1}{\sqrt{2}}$	$\dfrac{1}{2}$	0	$-\dfrac{1}{2}$	$-\dfrac{1}{\sqrt{2}}$	$-\dfrac{\sqrt{3}}{2}$	-1
$\tan\theta$	0	$\dfrac{1}{\sqrt{3}}$	1	$\sqrt{3}$		$-\sqrt{3}$	-1	$-\dfrac{1}{\sqrt{3}}$	0

212 (1) $\sin 20°$, 0.3420

(2) $-\cos 78°$, -0.2079

(3) $-\tan 57°$, -1.5399

213 (1) $\theta=60°$, $120°$ (2) $\theta=180°$

(3) $\theta=150°$

214 $79°$

215 (1) $m=\sqrt{3}$ (2) $m=-1$

(3) $m=-\dfrac{1}{\sqrt{3}}$

216 (1) $0°<\theta<90°$ のとき

$\cos\theta=\dfrac{\sqrt{6}}{3}$, $\tan\theta=\dfrac{\sqrt{2}}{2}$

$90°<\theta<180°$ のとき

$\cos\theta=-\dfrac{\sqrt{6}}{3}$, $\tan\theta=-\dfrac{\sqrt{2}}{2}$

(2) $\sin\theta=\dfrac{\sqrt{5}}{3}$, $\tan\theta=-\dfrac{\sqrt{5}}{2}$

(3) $\cos\theta=-\dfrac{1}{4}$, $\sin\theta=\dfrac{\sqrt{15}}{4}$

217 (1) 0 (2) 0

218 (1) 略 (2) 略

219 (1) $0°\leqq\theta\leqq45°$, $135°\leqq\theta\leqq180°$

(2) $0°\leqq\theta\leqq120°$

(3) $0°\leqq\theta\leqq30°$, $90°<\theta\leqq180°$

220 (1) $-\dfrac{1}{8}$ (2) $\dfrac{9\sqrt{3}}{16}$ (3) $\dfrac{\sqrt{5}}{2}$

221 (1) $\dfrac{-1+\sqrt{5}}{2}$

(2) $\sin\theta=\dfrac{4}{5}$, $\cos\theta=-\dfrac{3}{5}$

222 $\tan\theta=-\sqrt{3}$, $\theta=120°$

223 (1) $\theta=90°$ (2) $\theta=60°$, $180°$

(3) $\theta=0°$, $45°$, $180°$

224 (1) $30°<\theta<60°$, $120°<\theta<150°$

(2) $60°\leqq\theta<135°$

(3) $0°\leqq\theta\leqq45°$, $120°\leqq\theta\leqq180°$

(4) $30°<\theta<150°$

225 (1) $45°<\theta<90°$

(2) $0°\leqq\theta\leqq30°$, $\theta=90°$, $150°\leqq\theta\leqq180°$

(3) $45°\leqq\theta<90°$, $90°<\theta\leqq120°$

226 (1) 最大値 1 ($\theta=0°$ のとき)

最小値 -3 ($\theta=180°$ のとき)

(2) 最大値 $1+\sqrt{2}$ ($\theta=90°$ のとき)

最小値 2 ($\theta=45°$, $135°$ のとき)

227 最大値 $\dfrac{5}{4}$ ($\theta=30°$, $150°$ のとき)

最小値 1 ($\theta=0°$, $90°$, $180°$ のとき)

228 (1) $b=8\sqrt{2}$, $R=8$

(2) $c=3\sqrt{6}$, $R=3\sqrt{2}$

(3) $A=30°$, $R=3$

(4) $A=45°$, $135°$

229 (1) $b=\sqrt{10}$ (2) $a=-3+\sqrt{13}$

(3) $B=135°$ (4) $A=45°$

230 (1) 鈍角三角形 (2) 鋭角三角形

(3) 直角三角形

231 (1) $C=135°$ (2) $R=\dfrac{\sqrt{30}}{2}$

232 (1) $a=2\sqrt{6}$, $B=75°$, $C=45°$

(2) $a=1+\sqrt{3}$, $A=105°$, $C=45°$

または $a=-1+\sqrt{3}$, $A=15°$, $C=135°$

(3) $A=15°$, $B=45°$, $C=120°$

(4) $a=\dfrac{-\sqrt{2}+\sqrt{6}}{2}$, $c=\sqrt{3}$, $A=15°$

233 $6(\sqrt{6}-\sqrt{2})$

234 (1) $\dfrac{2}{\sqrt{7}}$ (2) $\sqrt{19}$

235 10

236 (1) $S=12$ (2) $S=5\sqrt{3}$

237 (1) $6\sqrt{5}$ (2) $\dfrac{21\sqrt{15}}{4}$

238 $AD=\dfrac{3\sqrt{3}}{2}$, $BC=2\sqrt{7}$, $BD=\dfrac{\sqrt{7}}{2}$,

$DC=\dfrac{3\sqrt{7}}{2}$

239 (1) $S=\dfrac{15\sqrt{2}}{2}$ (2) $S=12$

240 (1) $\sqrt{6}$ (2) $45°$ (3) $\dfrac{3}{2}+\sqrt{3}$

241 (1) 7 (2) 5 (3) $\dfrac{55\sqrt{3}}{4}$

242 (1) $\dfrac{1}{11}$ (2) $2\sqrt{30}$

243 $C=45°$

244 $14:11:(-4)$

245 $B=150°$

246 $A=120°$

247 (1) $1<x<7$ (2) $1<x<5$

(3) $\sqrt{7}<x<5$

248 (1) $14\sqrt{3}$ (2) 13 (3) $\sqrt{3}$

249 (1) $12\sqrt{5}$ (2) $\dfrac{21\sqrt{5}}{10}$ (3) $\sqrt{5}$

250 (1) AB＝AC の二等辺三角形

(2) $A=90°$ の直角三角形

251 (1) 略 (2) 略

252 $500\sqrt{2}$ m

253 $\cos\theta=\dfrac{11}{14}$

254 (1) $\dfrac{\sqrt{3}}{2}a^2$ (2) $\dfrac{1}{6}a^3$ (3) $\dfrac{\sqrt{3}}{3}a$

255 (1) $120°$ (2) $\dfrac{3\sqrt{7}}{2}a$

256 (1) $\dfrac{\sqrt{6}}{3}a$ (2) $\dfrac{2\sqrt{6}}{3}r$

(3) $\dfrac{8\sqrt{3}}{27}r^3$

5章 データの分析

257 平均値 3.4 点, 中央値 3.5 点,

最頻値 4 点

258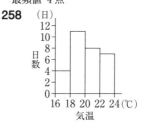

平均値 20.2 ℃

最頻値 19 ℃

259 (1) 範囲 29, 四分位範囲 $R=12$,

外れ値はない, 箱ひげ図略

(2) 範囲 34, 四分位範囲 $R=8$,

外れ値は 11, 45, 箱ひげ図略

260 (1) $x=6$, $y=4$

(2) $x=7$, $y=3$ (3) $x=4$, 5, 6

261 ②, ④, ⑤

262 (1) 5 点 (2) 29

(3) $s^2=4$, $s=2$(点)

263 $s^2=0.81$, $s=0.9$(冊)

264 (1) $\overline{x}=5$(点), $s_x=3$(点)

$\overline{y}=7$(点), $s_y=2$(点)

(2) 散らばりの度合いが大きいと考えられ

るのは A

(3) 0.83

265 (1) 平均値 5, $a=1$, 3

(2) $a=1$ のとき, 平均値は 4

$a=1.5$ のとき, 平均値は 4.5

266 平均値 74 点, 標準偏差 13 点

267 (1) -0.76 (2) ②

268 (1) 0.6 (2) 3 人 (3) ③, ④, ⑤

269 (1) 増えたといえる。

(2) 減ったとはいえない。

270 $\overline{y}=61.2$ (点), $s_y{}^2=144$, $s_y=12$ (点)

271 (1) 14 点 (2) 27 点

(3) 平均値は変化しない。分散は減少する。

(4) 平均値は変化しない。分散は減少する。

272 ④, キ, イ

数学Ⅰ　復習問題

1　(1)　$x^2+4y^2+z^2-4xy-4yz+2zx$
　　(2)　$a^2-4b^2+9c^2-6ac$
　　(3)　$x^4-8x^2y^2+16y^4$
　　(4)　$a^4-10a^3+35a^2-50a+24$

2　(1)　$x(2x-5y)(3x+2y)$
　　(2)　$(x-y+2z)(x-y-2z)$
　　(3)　$(x^2+3)(x+2)(x-2)$
　　(4)　$(x-y-2)(3x+3y-1)$

3　(1)　1　(2)　$2-\sqrt{2}$　(3)　$\dfrac{15-6\sqrt{2}}{2}$

4　(1)　$2\sqrt{5}$　(2)　1　(3)　18

5　$-2,\ -1,\ 0,\ 1,\ 2$

6　$a=2,\ b=2,\ A\cup B=\{2,\ 3,\ 4,\ 7\}$

7　(1)　真, 証明略　(2)　真, 証明略
　　(3)　偽 (反例は $x=\sqrt{2},\ y=-\sqrt{2}$)

8　(1)　②　(2)　⑤　(3)　⑥

9　x 軸方向に 1, y 軸方向に $-\dfrac{2}{9}$
　　だけ平行移動すればよい

10　(1)　$a\geqq\dfrac{1}{2}$　(2)　$0<a\leqq1$

11　$a=-1-\sqrt{3}$ または $a=-3+\sqrt{3}$

12　(1)　$(-m+1,\ 2m-4)$　(2)　$m<2$
　　(3)　$(-m+1\pm\sqrt{-2m+4},\ 0)$
　　(4)　$m=2,\ (-1,\ 0)$

13　略

14　$3+2\sqrt{2}<m<\dfrac{20}{3}$

15　②

16　④

17　(1)　$\sin A=\dfrac{1}{5},\ \cos A=\dfrac{2\sqrt{6}}{5},$
　　　　$\tan A=\dfrac{\sqrt{6}}{12}$
　　(2)　$\sin A=\dfrac{\sqrt{5}}{3},\ \cos A=\dfrac{2}{3},$
　　　　$\tan A=\dfrac{\sqrt{5}}{2}$

18　②

19　(1)　$0°<\theta<90°$ のとき
　　　　$\cos\theta=\dfrac{\sqrt{30}}{6},\ \tan\theta=\dfrac{\sqrt{5}}{5}$

　　　　$90°<\theta<180°$ のとき
　　　　$\cos\theta=-\dfrac{\sqrt{30}}{6},\ \tan\theta=-\dfrac{\sqrt{5}}{5}$
　　(2)　$\cos\theta=-\dfrac{\sqrt{10}}{10},\ \sin\theta=\dfrac{3\sqrt{10}}{10}$

20　(1)　$\theta=30°$　(2)　$\theta=135°$
　　(3)　$0°\leqq\theta<60°,\ 120°<\theta\leqq180°$

21　$\theta=0°$ のとき　最大値 2
　　$\theta=120°$ のとき　最小値 $-\dfrac{1}{4}$

22　$y=\sqrt{3}\,x,\ y=0$

23　(1)　$50\sqrt{6}$ m　(2)　$50\sqrt{2}$ m

24　$\dfrac{5\sqrt{3}}{2}$

25　(1)　中央値 12.5, 最頻値 13
　　(2)　$\bar{x}=12,\ s^2=9,\ s=3$
　　(3)　6, 18
　　(4)　平均値は変化しない。分散は減少する。

26　(1)　A店, C店　(2)　B店
　　(3)　最大で 7 日, 最小で 1 日

27　(1)　$s_{xy}=1.5$　(2)　$a=2,\ b=5$

28　(1)　平均値 28.0 ℃,
　　　　標準偏差　0.9 ℃
　　(2)　29.8℃ 以上
　　(3)　例年より高かったといえる。

29　(1)　$a=180,\ b=9$　(2)　0.75
　　(3)　②　(4)　$\bar{u}=6,\ s_u=3\sqrt{3}$
　　　　$\bar{v}=22,\ s_v=4\sqrt{3},\ r=0.75$

数学A

1章 場合の数と確率

273 (1) 22 (2) 16 (3) 5 (4) 33
(5) 184 (6) 195 (7) 11 (8) 189
274 (1) 36人 (2) 4人 (3) 12人
275 (1) 47個 (2) 112個
(3) 75個 (4) 56個
276 (1) 15個 (2) 30個 (3) 20個
(4) 25個
277 $42 \leqq n(A \cap B) \leqq 68$,
$74 \leqq n(A \cup B) \leqq 100$
278 (1) 7個 (2) 214個 (3) 86個
279 10通り
280 (1) 24個 (2) 216通り
281 (1) 9通り (2) 4通り (3) 18通り
(4) 27通り
282 (1) 約数の個数18個, 総和819
(2) 約数の個数8個, 総和624
(3) 約数の個数24個, 総和1560
283 (1) 9個 (2) 4個
284 (1) 125通り (2) 775通り
(3) 684通り
285 (1) 10通り (2) 70通り
286 (1) 18個 (2) 12個
287 (1) 104通り (2) 84通り
288 (1) 42 (2) 504 (3) 1680 (4) 5
(5) $n(n-1)$
289 (1) 40320通り (2) 720通り
(3) 360通り
290 (1) 2880通り (2) 4320通り
291 (1) 180個 (2) 75個 (3) 105個
(4) 74個
292 (1) 30240通り (2) 1152通り
(3) 384通り
293 (1) 60個 (2) 108個 (3) 96個
(4) 36個
294 (1) 4320通り (2) 14400通り
(3) 36000通り (4) 7200通り
295 (1) 28番目 (2) CBADE
296 (1) 24通り (2) 12通り
297 12通り

298 (1) 1024個 (2) 243通り
299 144通り
300 (1) 48個 (2) 384個 (3) 111個
301 (1) 144通り (2) 720通り
(3) 1440通り (4) 1440通り
302 (1) 360通り (2) 72通り
303 200個
304 (1) 12通り (2) 3360通り
305 (1) 36 (2) 35 (3) 6 (4) 1
(5) $\dfrac{n(n-1)}{2}$
306 (1) 18通り (2) 5通り
(3) 10通り (4) 31通り
307 (1) 35本 (2) 28個
308 (1) 171組 (2) 210組 (3) 1056組
309 (1) 220個 (2) 60個 (3) 112個
(4) 48個
310 (1) 420個 (2) 85個 (3) 396個
311 96個
312 (1) 70通り (2) 35通り
313 (1) 1260通り (2) 420通り
314 (1) 13860通り (2) 34650通り
(3) 5775通り (4) 15400通り
(5) 8316通り (6) 51975通り
315 (1) 30240通り (2) 27720通り
(3) 12600通り
316 (1) 252通り (2) 120通り
(3) 54通り (4) 66通り (5) 171通り
(6) 212通り
317 (1) 210通り (2) 330通り
(3) 145通り
318 (1) 462通り (2) 10通り
319 (1) 1680通り (2) 10080通り
320 (1) 6通り (2) 25通り
321 (1) 360通り (2) 450通り
322 540通り
323 (1) 840通り (2) 1080通り
(3) 44通り
324 (1) 30通り (2) 15通り
325 108通り
326 (1) 1024通り (2) 1022通り

327 (1) 729通り (2) 3通り
(3) 186通り (4) 540通り
328 5796通り
329 (1) 10通り (2) 20通り
(3) 32通り (4) 30通り
330 (1) 78個 (2) 45個
331 55通り
332 (1) 567個 (2) 219個
333 (1) 210個 (2) 330個 (3) 714個
334 (1) 35通り，8通り (2) 119通り，
赤のカードだけのグループ　11通り
335 (1) $\dfrac{1}{6}$ (2) $\dfrac{5}{36}$ (3) $\dfrac{1}{9}$ (4) $\dfrac{1}{9}$
336 (1) $\dfrac{1}{2}$ (2) $\dfrac{4}{7}$
337 (1) $\dfrac{1}{4}$ (2) $\dfrac{1}{28}$
338 (1) $\dfrac{2}{91}$ (2) $\dfrac{45}{91}$
339 (1) $\dfrac{1}{6}$ (2) $\dfrac{1}{2}$
340 (1) $\dfrac{1}{2}$ (2) $\dfrac{1}{8}$
341 (1) $\dfrac{1}{10}$ (2) $\dfrac{3}{10}$
342 $\dfrac{2}{5}$
343 (1) $\dfrac{2}{13}$ (2) $\dfrac{58}{91}$
344 (1) $\dfrac{1}{6}$ (2) $\dfrac{1}{6}$ (3) $\dfrac{7}{9}$ (4) $\dfrac{3}{4}$
345 (1) $\dfrac{35}{101}$ (2) $\dfrac{66}{101}$ (3) $\dfrac{18}{101}$
346 $\dfrac{17}{38}$
347 (1) $\dfrac{11}{36}$ (2) $\dfrac{5}{6}$
348 (1) $\dfrac{149}{198}$ (2) $\dfrac{35}{36}$
349 (1) $\dfrac{1}{2}$ (2) $\dfrac{9}{25}$
350 (1) $\dfrac{5}{33}$ (2) $\dfrac{92}{99}$ (3) $\dfrac{6}{11}$
(4) $\dfrac{163}{165}$
351 (1) $\dfrac{9}{64}$ (2) $\dfrac{15}{64}$ (3) $\dfrac{39}{64}$

352 (1) $\dfrac{24}{625}$ (2) $\dfrac{97}{625}$ (3) $\dfrac{72}{625}$
(4) $\dfrac{48}{625}$
353 (1) $\dfrac{1}{10}$ (2) $\dfrac{5}{12}$ (3) $\dfrac{9}{10}$
354 (1) $\dfrac{1}{27}$ (2) $\dfrac{1}{81}$
355 (1) $\dfrac{3}{5}$ (2) $\dfrac{11}{210}$ (3) $\dfrac{89}{210}$
356 (1) $\dfrac{1}{10}$ (2) $\dfrac{1}{5}$ (3) $\dfrac{1}{10}$
357 (1) $\dfrac{5}{16}$ (2) $\dfrac{40}{243}$ (3) $\dfrac{36}{125}$
358 (1) $\dfrac{625}{3888}$ (2) $\dfrac{11}{243}$ (3) $\dfrac{125}{1944}$
(4) $\dfrac{31}{32}$
359 (1) $\dfrac{7}{32}$ (2) $\dfrac{219}{256}$
360 (1) $\dfrac{2304}{3125}$ (2) $\dfrac{2101}{3125}$
361 (1) $\dfrac{2592}{15625}$ (2) $\dfrac{11097}{15625}$
362 (1) $\dfrac{3125}{7776}$ (2) $\dfrac{3}{64}$
363 (1) $\dfrac{20}{243}$ (2) $\dfrac{64}{243}$ (3) $\dfrac{16}{81}$
364 (1) $\dfrac{1}{2}$ (2) $\dfrac{1}{3}$ (3) $\dfrac{1}{2}$
365 (1) $\dfrac{5}{9}$ (2) $\dfrac{2}{3}$ (3) $\dfrac{1}{3}$
366 $\dfrac{2}{5}$
367 (1) $\dfrac{3}{7}$ (2) $\dfrac{3}{7}$
368 (1) $\dfrac{2}{9}$ (2) $\dfrac{5}{9}$
369 (1) $\dfrac{33}{70}$ (2) $\dfrac{11}{70}$
370 10本
371 (1) $\dfrac{1}{2}$ (2) $\dfrac{2}{3}$
372 $\dfrac{7}{11}$
373 $\dfrac{100}{3}$ 円
374 $\dfrac{4}{3}$ 個

375 (1) $X=1:\dfrac{1}{2}$, $X=2:\dfrac{1}{3}$

$X=3:\dfrac{1}{6}$, $X=4:0$

(2) $\dfrac{5}{3}$

376 (1) $\dfrac{1}{20}$ (2) $\dfrac{1}{5}$

377 $\dfrac{6}{19}$

378 $\dfrac{4}{3}$ 回

379 $\dfrac{35}{288}$

380 (1) $\dfrac{10}{81}$ (2) $\dfrac{17}{27}$

381 (1) $p_2=\dfrac{2}{9}$, $p_3=\dfrac{8}{27}$ (2) $\dfrac{2(n-1)^2}{3^n}$

382 (1) $\dfrac{16}{81}$ (2) $\dfrac{175}{1296}$

383 (1) $\dfrac{5}{9}$ (2) $\dfrac{5}{54}$

384 (1) $\dfrac{2}{9}$ (2) $\dfrac{7}{27}$

385 (1) $\dfrac{5}{16}$ (2) $\dfrac{5}{32}$

386 (1) $_{50}\mathrm{C}_k\left(\dfrac{1}{6}\right)^k\left(\dfrac{5}{6}\right)^{50-k}$

(2) $k=0,\ 1,\ 2,\ 3,\ 4,\ 5,\ 6,\ 7$

(3) $k=8$

2章 図形の性質

387 (1) 点I (2) 点L
(3) 1:3 に内分する点
(4) 1:2 に外分する点

388 2:1

389 (1) 3:2 (2) 5:4:6

390 $\dfrac{160}{9}$ cm²

391 (1) 3:2
(2) BD=6, EC=4, DE=6

392 $x=10$, $y=4$, $z=\dfrac{16}{3}$

393 (1) $x=115°$ (2) $x=100°$

394 (1) $x=70°$ (2) $x=30°$
(3) $x=30°$, $y=20°$

395 (1) 2:1 (2) 4:1 (3) 5:1
396 略
397 (1) 6 (2) $\dfrac{4\sqrt{7}}{7}$ (3) $\dfrac{2\sqrt{7}}{21}$
398 (1) 3:2 (2) 2:1 (3) 24:11
399 5:1
400 (1) 3:10 (2) 9:8
401 略
402 (1) 3:2 (2) 5:2 (3) 7:2
403 (1) ∠B<∠C<∠A
(2) BC=AB<CA
404 (1) $5<a<13$ (2) $\dfrac{4}{3}<a<4$
405 (1) $x=116°$, $y=122°$
(2) $x=50°$, $y=40°$
(3) $x=70°$, $y=20°$
406 (1) 同じ円周上にない
(2) 同じ円周上にある
407 (1) $x=35°$ (2) $x=70°$ (3) $x=40°$
408 (1) $x=6$ (2) $x=4$
409 (1) $x=80°$, $y=25°$ (2) $x=65°$
410 $x=40°$, $y=70°$
411 (1) $x=\dfrac{30}{7}$ (2) $x=5$ (3) $x=\sqrt{13}$
412 (1) $4\sqrt{10}$ (2) 6 (3) $3\sqrt{3}$
413 (1) QR=$2\sqrt{3}$, PA=2
(2) QR=$2\sqrt{5}$, PA=$\dfrac{3}{2}$
414 略
415 O_1 の半径12, O_2 の半径3,
O_3 の半径4
416 略
417 (1) 辺DC, 辺EF, 辺HG
(2) 辺DH, 辺CG, 辺EH, 辺FG
418 (1) 真 (2) 偽 (3) 真
(4) 偽 (5) 真
419 (1) 60° (2) 90° (3) 30° (4) 90°
420 $v=24$, $e=36$, $f=14$,
$v-e+f=2$
421 正八面体, 体積 $\dfrac{64\sqrt{2}}{3}$

422 (1) $11000_{(2)}$　(2) $101010_{(2)}$
　(3) $1110_{(2)}$　(4) $1011_{(2)}$
　(5) $100011_{(2)}$　(6) $1011_{(2)}$

423 (1) 23　(2) 48　(3) 123　(4) 0.5625

424 (1) $10010_{(2)}$　(2) $2122_{(3)}$
　(3) $2103_{(4)}$　(4) $1316_{(7)}$
　(5) $0.101_{(2)}$　(6) $0.24_{(5)}$

425 (1) $1121_{(5)}$　(2) $400_{(7)}$

426 $n=8$

427 31

428 (1) 8 桁の数　(2) 6 桁の数
　(3) 4 桁の数

429 (1) $2^2 \cdot 7$, 正の約数は 1, 2, 4, 7, 14, 28
　(2) $2 \cdot 5 \cdot 7$, 正の約数は 1, 2, 5, 7, 10, 14, 35, 70
　(3) $2^3 \cdot 13$, 正の約数は 1, 2, 4, 8, 13, 26, 52, 104

430 (1) 190, 732, 1620
　(2) 225, 732, 1620
　(3) 732, 1620　(4) 190, 225, 1620
　(5) 732, 1620　(6) 225, 1620

431 (1) 最大公約数　6, 最小公倍数　378
　(2) 最大公約数　21, 最小公倍数　630
　(3) 最大公約数　18, 最小公倍数　6930

432 (1) $n=80$, 240, 720
　(2) $n=63$, 126, 252, 504

433 (1) 14　(2) 78　(3) 15

434 (1) $(m, n)=(6, 48)$
　(2) $(m, n)=(10, 60), (20, 50), (30, 40)$
　(3) $(m, n)=(7, 252), (28, 63)$

435 $a=105$, $b=126$, $c=147$

436 (1) 33 個　(2) 40 個

437 (1) 0　(2) 3　(3) 1

438 (1) 3　(2) 6　(3) 0

439 (1) 略　(2) 略

440 (1) 略　(2) 略

441 (1) 略　(2) 略

442 (1) 略　(2) 略　(3) 略

443 (1) 略　(2) 略

444 $m=3$, $n=3$

445 (1) 23　(2) 31　(3) 174　(4) 59
　(5) 419　(6) 21

446 (1) $x=5k+3, y=-2k-1$ (k は整数)
　(2) $x=4k-1$, $y=-7k+2$ (k は整数)
　(3) $x=8k-3$, $y=5k-2$ (k は整数)
　(4) $x=17k-2$, $y=-25k+3$ (k は整数)
　(5) $x=73k+4$, $y=-55k-3$ (k は整数)
　(6) $x=19k+4$, $y=43k+9$ (k は整数)

447 (1) $x=7k+10, y=11k+15$ (k は整数)
　(2) $x=7k+20$, $y=-18k-50$ (k は整数)
　(3) $x=25k-22$, $y=-59k+52$ (k は整数)

448 お茶を 7 缶, コーヒーを 4 缶

449 (1) $(x, y)=(1, 10), (2, 5), (5, 2),$
　　　　$(10, 1)$
　(2) $(x, y)=(1, 7), (2, 6), (4, 5),$
　　　　$(10, 4)$
　(3) $(x, y)=(1, 13), (2, 1)$

450 (1) $(x, y)=(2, 7), (6, 3),$
　　$(0, -3), (-4, 1)$
　(2) $(x, y)=(4, 5), (5, 2), (6, 1),$
　　$(9, 0), (2, -7), (1, -4), (0, -3),$
　　$(-3, -2)$
　(3) $(x, y)=(0, 10), (1, 4), (4, 2),$
　　$(-1, -8), (-2, -2), (-5, 0)$
　(4) $(x, y)=(1, 0), (-1, -2)$

451 (1) $(x, y)=(4, 12), (6, 6),$
　　$(12, 4), (2, -6), (-6, 2)$
　(2) $(x, y)=(3, 6), (5, 2), (2, -4)$

452 18

453 (1) $(x, y)=(2, 5), (2, -1),$
　　$(-2, -5), (-2, 1)$
　(2) $(x, y)=(2, -1), (2, 0), (3, 1),$
　　$(-2, 1), (-2, 0), (-3, -1)$

454 (1) $(x+y-2)(2x-y+1)$
　(2) $(x, y)=(2, 2), (2, 3), (-2, 3),$
　　$(-2, -2)$

455 略

456 略

457 (1) $n=2$, 10　(2) $n=3$

数学Ａ　復習問題

30 (1)　24 通り　(2)　672 通り
(3)　120 通り　(4)　144 通り
(5)　144 通り

31 (1)　110 通り　(2)　21 通り

32 504 通り

33 (1)　$\dfrac{3}{44}$　(2)　$\dfrac{3}{11}$　(3)　$\dfrac{29}{44}$

34 $\dfrac{1}{5}$

35 (1)　$\dfrac{40}{243}$　(2)　$\dfrac{8}{81}$

36 $\dfrac{15}{4}$ 回

37 (1)　4 通り　(2)　7 通り　(3)　127 通り
(4)　254 通り

38 (1)　1：3，3：1　(2)　2：3
(3)　3：2，1：2

39 (1)　$18\sqrt{2}$　(2)　$\dfrac{3\sqrt{2}}{2}$

40 (1)　略　(2)　略

41 (1)　$x=50°$，$y=25°$
(2)　$x=20°$，$y=50°$
(3)　$x=59°$，$y=51°$

42 $\dfrac{5}{2}<r<5$

43 (1)　$\dfrac{2}{5}$ 倍　(2)　3：1

44 (1)　2132(4)　(2)　4241(5)
(3)　0.011(2)

45 $n=6$

46 (1)　$a=2$，6　(2)　$a=2$，8
(3)　$a=2$，5

47 756

48 12 cm，546 枚

49 略

50 (1)　$x=-1$，$y=-2$ （など）
(2)　$(x,\ y)=(29,\ 46)$

51 138

52 (1)　ア：3，イ：16　(2)　$n=4$，20，36

エクセル数学 I＋A

表紙デザイン
エッジ・デザインオフィス

● 編　者──実教出版編修部

● 発行者──小田　良次

● 印刷所──共同印刷株式会社

● 発行所──実教出版株式会社

〒102-8377
東京都千代田区五番町5
電話〈営業〉(03) 3238-7777
　　〈編修〉(03) 3238-7785
　　〈総務〉(03) 3238-7700
https://www.jikkyo.co.jp/

002402022　　　　　　　　ISBN978-4-407-36034-9